国家自然科学基金项目（51874006、51774009）
安徽省自然科学基金项目（1808085ME159）　　资助出版
中国博士后科学基金项目（2013M531495）

瓦斯煤岩静动加载力学特性研究

殷志强　著

北　京
冶　金　工　业　出　版　社
2019

内 容 提 要

本书通过对含瓦斯煤静态及动态加载的实验研究及裂纹起裂的理论分析，阐述了建立煤岩气-固耦合静态和动态力学实验方法，分析了瓦斯赋存对裂纹应力强度因子及起裂强度的影响规律，探讨了含瓦斯煤破裂失稳过程的瓦斯作用。静动载含瓦斯煤力学实验结果初步揭示了含瓦斯煤岩体宏-细观损伤规律，为进一步研究含瓦斯煤岩体力学特性，探讨新的有效防治深部高应力含瓦斯煤动力灾害的技术提供了实验基础。

本书可供从事煤矿山动力灾害领域的研究人员阅读，也可作为相关专业研究生及本科生的教学参考书。

图书在版编目(CIP)数据

瓦斯煤岩静动加载力学特性研究/殷志强著．—北京：冶金工业出版社，2019.6

ISBN 978-7-5024-8115-5

Ⅰ.①瓦… Ⅱ.①殷… Ⅲ.①瓦斯煤层—煤岩—岩石力学—研究 Ⅳ.①TD823.82

中国版本图书馆 CIP 数据核字(2019)第 109280 号

出 版 人　谭学余
地　　址　北京市东城区嵩祝院北巷 39 号　邮编　100009　电话　(010)64027926
网　　址　www.cnmip.com.cn　电子信箱　yjcbs@cnmip.com.cn
责任编辑　张熙莹　美术编辑　郑小利　版式设计　禹　蕊
责任校对　郑　娟　责任印制　牛晓波
ISBN 978-7-5024-8115-5
冶金工业出版社出版发行；各地新华书店经销；三河市双峰印刷装订有限公司印刷
2019 年 6 月第 1 版，2019 年 6 月第 1 次印刷
169mm×239mm；7.75 印张；151 千字；116 页
39.00 元

冶金工业出版社　投稿电话　(010)64027932　投稿信箱　tougao@cnmip.com.cn
冶金工业出版社营销中心　电话　(010)64044283　传真　(010)64027893
冶金工业出版社天猫旗舰店　yjgycbs.tmall.com

前　言

煤与瓦斯突出是煤矿井下生产的一种严重的动力灾害，具有极大的破坏性。尤其是进入深部开采，深部含瓦斯煤层的多物理场耦合赋存的特点，动力灾害发生时的应力状态更为复杂，使得深部煤岩动力灾害孕育机理不同于浅部煤层开采中的煤与瓦斯动力灾害，因此有必要深入了解深部含瓦斯煤的力学特性。

近年来，众多专家、学者与工程技术人员围绕深部高瓦斯煤层动力灾害开展了大量深入的探索研究，得出了瓦斯赋存对煤岩力学特性有明显影响的结论，对深入认识含瓦斯煤动力灾害过程的力学行为有极大的推动作用。大量的研究表明，气体赋存对微细观裂纹扩展特性有一定的影响，然而如何定量化地描述气体的影响规律，以及当进入深部高瓦斯煤层回采工作所面临的气-静-动力扰动耦合复杂应力状态下的气体影响规律，这将是开展深部含瓦斯煤岩动力灾害研究的重要基础。为此，本书从含瓦斯煤静态及动态加载的实验及裂纹起裂理论为出发点，综合研究含瓦斯煤静动态力学特性。本书共分为6章，整体内容以含瓦斯煤力学实验设备研制及力学特性为核心展开。其中第2章利用断裂力学和损伤力学知识，理论分析了赋存瓦斯作用下含瓦斯煤岩的断裂力学特性，第3章介绍了含瓦斯煤静态及动态力学实验系统研制及实验方法，第4章介绍了含瓦斯煤在静态荷载作用下的单轴抗压强度、抗拉强度及断裂韧度特性，第5章介绍了含瓦斯煤在动态荷载作用下的动态抗压强度及损伤特性。

本书是在谢广祥教授指导下完成的博士后出站报告《基于数字散斑技术富含瓦斯煤岩细观力学特性实验研究》的基础上，结合国家自然科学基金项目（项目编号：51874006、51774009）、安徽省自然科学基金项目（项目编号：1808085ME159）、中国博士后科学基金面上项目（项目编号：2013M531495）的资助所获得的部分研究成果编写而成。本书的完成首先归功于导师谢广祥教授的悉心指导，藉此谨向导师致以诚挚的感谢和崇高的敬意。其次受澳大利亚科廷大学郝洪教授的邀请，自2017年10月至2018年10月在科廷大学开展为期一年的访问学习。访学期间郝教授及课题组各位老师对科研的严谨态度深深地感染了我，在郝洪教授和陈文苏博士的指导下，我对含瓦斯煤的破坏机理有了更进一步的认识，在此对郝洪教授和陈文苏博士致以诚挚的感谢。再次，在本书的研究和编写过程中，还得到了安徽理工大学常聚才教授、胡祖祥副教授、李传明副教授、刘钦节副教授、张若飞博士、胡洋博士及中国矿业大学（北京）张振全博士、李杨博士、陈磊博士的帮助，特此向支持和关心我研究工作的所有单位和个人表示衷心的感谢。此外，还要感谢学生魏泽娣、张卓、陈治宇在文献整理方面所做出的辛苦工作。

由于含瓦斯煤材料及受力状态的复杂性，在理论分析和实验过程存在许多难点，加之作者水平所限，书中不足之处，恳请广大读者批评指正。

殷志强

2018年12月31日于淮南

目　录

1 绪 论

1.1 概述

随着国民经济的发展，社会对能源的依赖程度越来越高。而目前我国浅部资源逐渐枯竭，深部资源开采势在必行。在煤炭资源开采方面，我国目前已探明的煤炭资源量占世界总量的11.1%，石油和天然气仅占总量的2.4%和1.2%。而我国埋深在1000m以下的煤炭资源为2.95万亿吨，占煤炭资源总量的53%[1]。根据目前资源开采状况，我国煤矿开采深度以每年8～12m的速度增加，东部矿井正以每10年100～250m的速度向地下延伸[2]。开采深度不断增加，地应力呈非线性增加趋势，深部开采处于“三高一扰动”及多场耦合的复杂环境，导致突发性工程灾害和重大恶性事故增加，如矿井冲击地压、瓦斯爆炸、矿压显现加剧、巷道围岩大变形、流变、地温升高等。对深部资源的安全高效开采造成了巨大威胁，使深部资源开采所面临新的科学问题。

相关研究表明：浅部开采时所确定的矿井类型，进入深部开采后，矿井的类型也发生转变。矿井转型主要表现在以下4个方面[3]：（1）硬岩矿井向软岩矿井的转变；（2）低瓦斯矿井向高瓦斯矿井的转变；（3）非突矿井向突出矿井的转变；（4）非冲击矿井向冲击矿井的转变。导致矿井转型的根本原因在于进入深部开采后地质力学环境的改变引发深部煤岩、瓦斯力学性质的转变。在地下煤炭资源开采过程中，煤层中的煤体都是处于含瓦斯状态，煤体的力学性质、地应力和瓦斯状态是影响深部煤岩体灾变的重要因素。

我国东部矿区煤层大部分是含有丰富瓦斯气体（主要是甲烷CH_4）的石炭二叠纪煤层，淮南矿区900m埋深最高瓦斯压力达到4.5MPa以上[4]，为防治煤与瓦斯动力灾害，高瓦斯煤层回采前均进行瓦斯预抽采的综合治理，确保回采时瓦斯指标符合安全作业规程。煤体是由固体骨架和孔隙（裂隙）构成的复杂多孔隙介质，其孔隙（裂隙）是瓦斯气体储存场所及流动通道[5]。地下无采动影响的煤体及所赋存的瓦斯气体承受着垂直地应力、水平地应力、构造应力和孔隙压力，它们共同作用，使其处于相对平衡状态。根据现场监测表明，含瓦斯煤层工作面附近煤体受采动应力调整影响，瓦斯气体在煤岩体内的赋存状态将发生变化[6,7]，同时随回采工艺强度日益增大，应力调整范围内的煤岩体还承受采掘机械的冲击扰动以及回采煤层上覆老顶周期性断裂等应力快速调整过程中的强烈的冲击扰动作用影响[8,9]。可见深部高瓦斯煤层回采煤体处于典型的近场采动应力调整及瓦斯状态改变等作用及远场动力扰动影响的近远场气－静－动载荷复合型力源加载的应力场环境[10,11]，如图 1-1 所示。受深部回采高地应力、强扰动以及瓦斯赋存变化的影响，极易引发瓦斯煤岩动力灾害事故。2017 年神火集团有限公司薛湖煤矿“5 · 15”煤与瓦斯突出事故，调查认为事故直接原因是突出煤层掘进工作面遇断层，构造应力与地应力叠加，综掘机割煤扰动诱发煤与瓦斯突出动力灾害[12]。2013 年和 2014 年淮南矿区均发生工作面煤体压出事故。这些深部瓦斯煤层动力灾害造成重大人员伤亡，直接妨碍了煤矿正常安全生产，给国家财产带来了巨大的损失，给人民安全带来了严重的威胁。深部含瓦斯煤层的多物理场耦合赋存的特点，使得深部煤岩动力灾害孕育机理不同于浅部煤层开采中的煤与瓦斯动力灾害，所以必须了解深部含瓦斯煤在高强度开采下的力学特性。因此开展含瓦斯煤动态力学性质方面的研究有助于实现地下高瓦斯煤层安全高效高强度回采的目的，对可靠有效地提升针对深部富含瓦斯煤岩动力灾害的预防技术及措施方面具有重要的理论和现实意义。

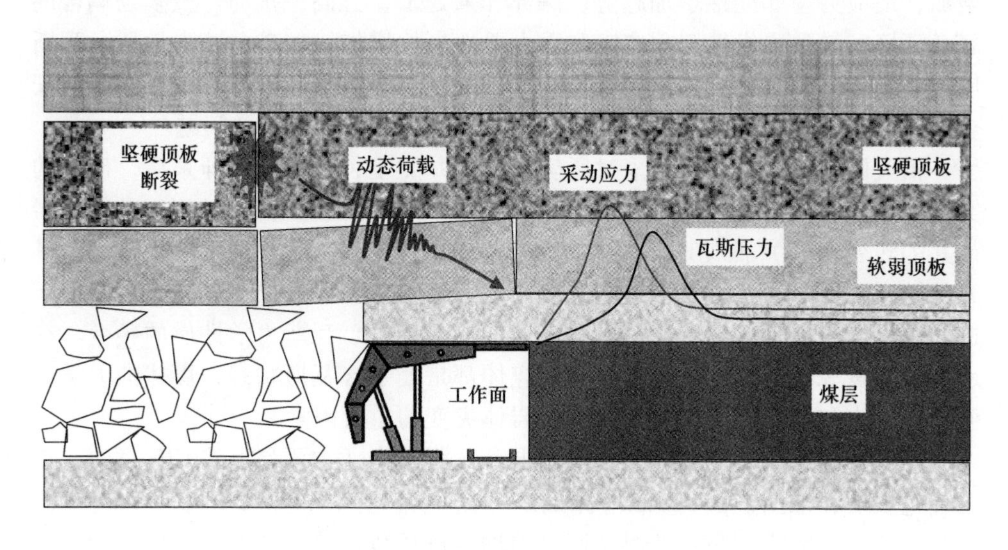

图 1-1 工作面前方煤体应力及瓦斯压力示意图

1.2 国内外研究现状

1.2.1 瓦斯煤岩静态力学性质研究现状

研究煤与瓦斯在资源开采中的动态作用过程是揭示煤与瓦斯突出机制的有效途径。综合考虑地应力、瓦斯和煤体物理力学性质等因素，探讨煤与瓦斯相互作用过程是当前研究的热点与难点。科研工作者从实验、数值模拟、理论分析等方面对含瓦斯煤的应力－应变、渗流特性进行大量研究，并取得了许多成果。

对含瓦斯煤岩特性的研究成果主要有以下几个方面：

（1）含瓦斯煤岩力学特性研究。20 世纪 60 年代，Evans、Bieniawaski 等[13,14]就已开展了煤的单轴、三轴压缩强度及应力应变特征的研究；王佑安等人[15]采用斜压模剪切法开展了含瓦斯煤的抗剪强度实验研究；P. G. Ranjith 等人[16]利用声发射设备得到饱和瓦斯赋存煤岩压缩破坏过程声发射特性；梁冰等人[17]开展不同围压、不同孔隙瓦斯压力下煤的三轴压缩试验，阐述了瓦斯对煤体的力学变形及力学响应的影响。

（2）煤岩中瓦斯赋存情况研究。国内外众多学者开展煤层气吸附与解析的实验和理论研究[18~22]，提出相应的吸附与解析模型，认为影响煤层气赋存情况的主要因素为：压力、温度、水分含量、煤阶以及煤岩组成等。

（3）煤与瓦斯耦合作用机理研究。王磊、尹光志、Changbao Jiang 等人[23~25]利用自行研制基于静态加载的气－固耦合实验装置，对不同瓦斯条件下，针对含瓦斯煤岩体物理力学性质的研究，对煤与瓦斯耦合条件下有效应力特性开展深入研究，得到了应力变化对瓦斯压力的影响规律以及不同卸围压速度对含瓦斯煤岩力学和瓦斯渗流特性影响规律。

此外，何学秋等人[26]研制了一种含瓦斯煤变形及破裂动态显微观测系统，其加载装置为设置有观测窗口的圆柱形压力缸，用 5mm 浮法玻璃作窗口材料，将圆柱形煤岩试件的一侧磨成平面宽度约为 10～15mm 的平面，作为观测平面，该装置是对含瓦斯煤体的细观试验研究的一次有益尝试；重庆大学曹树刚[27]、许江[28]研制了提供单轴、剪切、三轴三种受力状态的固－气耦合细观力学试验装置，可以进行实时显微图像观测和应力－应变、声发射信号的采集，利用该设备得到含瓦斯煤岩细观裂纹在不同应力状态下的开裂、扩展图像，并开展了毫米级细观分析研究。

上述科研工作者对含瓦斯煤岩在外载荷加载作用下的力学特性进行了大量深入的探索研究，得出了瓦斯赋存对煤岩力学特性有明显影响的结论，对深入认识含瓦斯煤力学行为有极大的推动作用，值得注意的是，这些研究基本上都是建立在宏观静载或准静载（低加载率）条件下的试验研究，较少开展不同应力扰动荷载对瓦斯赋存状态的影响规律，以及气体赋存对微细观裂纹扩展特性的影响研究。进入深部高瓦斯煤层回采工作，将面临更为明显的应力扰动作用，即典型的气－静－动力扰动耦合复杂应力状态。因此，开展含瓦斯煤的裂纹扩展特性及冲击扰动荷载条件下力学特性的试验研究，这对科学认识深部含瓦斯煤力学特性并保证工程结构的安全有一定的工程意义。

1.2.2 煤岩动态力学性质研究现状

针对岩石类材料动态力学特性的研究，目前主要是通过霍普金斯压杆

(Split Hopkinson Pressure Bar, SHPB)[29]或落锤[30]设备开展相关研究。其中SHPB设备作为国际岩石力学学会推荐的岩石动力学实验设备，已被广泛应用于岩石类材料的动态力学特性测试。受煤炭工业迅速发展的推动，我国从20世纪80年代开始进行煤的动态力学性质研究。由于SHPB实验装置在岩石动态力学研究上的适用性跟装备的持续优化使国内学者对煤的动力学特性研究更加深入全面，目前获得了丰硕的成果。

单仁亮等人[31]利用SHPB装置对邯郸云驾岭无烟煤开展了单轴冲击压缩试验。实验结果显示，无烟煤的初始弹性模量、动态屈服强度、动态极限强度均随冲击速度的增加而提高，无烟煤动态应力应变曲线呈现明显塑性屈服特征。高文蛟等人[32]根据无烟煤的SHPB实验结果，确定了无烟煤动力学参数之间的定量关系，提出无烟煤单轴动态压缩断裂强度理论公式，并针对阳泉三矿无烟煤冲击速度下的破裂特性进行研究，论述了无烟煤的冲击压缩膨胀拉伸破裂机理。刘文震等人[33]在针对淮南矿区的煤岩开展SHPB单轴冲击实验时发现，该煤试样的动态本构关系曲线与一般状态有明显差别，曲线在上升阶段显现出非线性，冲击速度越小非线性就越明显。随着应变率增加，弹性模量显著增加。刘晓辉等人[34]针对芙蓉矿区的煤岩试样开展了不同应变率下的冲击压缩试验。实验结果表明，煤岩在低应变率条件下一般表现出轴向劈裂破坏，在高应变率条件下显示出压碎破坏；煤岩在到达动态强度应力值前呈现线弹性变形，其动态弹性模量伴随应变率的增加相应提高体现出很强的应变率相关性。解北京等人[35]分别针对四川芙蓉无烟煤、平顶山矿区焦煤，利用SHPB实验装置进行动态冲击实验，获取煤样的动态应力应变曲线，总结分析煤体动态破坏过程非线性变形、塑性变形、应变强化、卸载破坏四个阶段，实验结果显示应变率与煤岩的动态断裂峰值应力、初始弹模、屈服强度具有明显的正相关。付玉凯等人[36]针对芙蓉白皎煤矿无烟煤开展不同应变速率下煤岩试件冲击试验。实验结果显示，初始阶段煤体的动态本构曲线呈非线性，同时动态力学参数随着应变率的增加而增大，塑形区间伴随应变率的增大而降低；基于弹塑性理论并结合煤体动态本构曲线特点构建了与实测本构曲线大致相同的黏弹性损伤本构模型。戎立帆等人[37]利用分离式SHPB实验系统对张集煤矿13－1煤层的气煤进行了单轴冲击实验。实验结果表明，煤岩本构曲线表现出应变硬化特性，在高应变率下气煤的脆性特征比无烟煤更明显，并根据煤岩动态力学特性建立了煤岩峰值应力前动态应力－应变本构方程。

上述科研工作者对煤的动态力学特性进行了大量试验研究，但由于深部高瓦斯煤层回采过程，煤体在承受动载荷作用的同时还处于瓦斯赋存状态，因此在动态力学试验过程还需要实现瓦斯赋存于冲击荷载的耦合状态。但由于该类问题还处于初步探索阶段，同时传统SHPB设备无法实现瓦斯赋存于冲击荷载耦合状态，需对其进行相关改进。因此该领域的研究方兴未艾，值得深入探索和研究。

1.2.3 耦合应力作用下煤岩动态力学性质研究现状

深部地下工程及矿产资源开采与浅部作业明显不同[38,39]。岩石中的结构面构成了气体、液体的储存、流动空间，加之深部地层的高地温、高应力，使多场耦合状态构成地下岩体的主要赋存环境。工程掘进施工、爆破作业等动态荷载造成岩石损伤效应是判断岩石破坏强度及岩体稳定性的重要理论依据，因此对耦合作用下岩石动态力学性质的研究也越来越受学者们关注。

李夕兵等人[40]在传统 SHPB 设备的基础上，通过创新性地设计一套轴向和侧向静载装置，研制了可模拟深部开挖岩体承受静载荷动载荷耦合状态的中高应变率动静组合加载 SHPB 装置，宫凤强等人[41]对不同静载荷、动载荷作用下岩石的力学性能进行了试验研究。结果表明，动态负载不变，轴向静载荷的范围在 0.6 ~0.7 倍单轴抗压强度时，岩石强度大于单一载荷强度是最大静态载荷强度的 2.2 倍，在相同的应变率下动静组合加载强度比单一动态强度提高约 30%。随着静载荷的增加，复合荷载的强度随动荷载的增大而增大，并表明了该速率的相关关系。在一维和三维静动态加载条件下，当动荷载和围压不变时，随静压力的增大，岩石的能量吸收和透射率随围压的增加而增大，在三维组合荷载作用下静压力和动压保持不变时反射率降低。周子龙等人[42]在对岩石圆柱形、矩形试样复合加载实验研究中总结了动静组合载荷对岩石特征的影响，并以实验为基础构建了岩石动静组合的力学本构模型；根据岩石的破坏模式研究了岩石断裂的分形特征，并通过重组群方法合理地预测了岩石断裂的分形维数，研究了主动组合荷载作用下岩石强度的力学行为和初始解，为进一步研究动、静载荷作用下的岩石力学性质奠定了基础。刘少虹等人[43]利用动静组合 SHPB 装置，针对组合煤岩开展了（无轴压、$0.1\sigma_c$、$0.5\sigma_c$、$0.75\sigma_c$）四个单轴轴压级别下的冲击实验，然后对实验碎片做块度分维的研究。实验结果表明，随应力波能量的增加，组合煤岩的动态强度和碎片分维也增加同时随静载的增大展现出先增后减的趋势。王文等人[44]利用动静组合 SHPB 设备，针对饱水煤样开展孔隙自由水对煤裂纹扩展作用特性研究，受孔隙饱和水表面张力的作用，饱和水阻碍了裂纹的扩展。殷志强等人[45]采用动静组合加载 SHPB 装置在缺口半圆形弯曲构型下进行断裂实验，测试大理石在静动组合载荷下的动态断裂韧性，并使用高速（HS）照相机和数字图像相关技术（DIC）获取断裂过程的全场应变场。实验结果表明，HS-DIC 技术提供了可靠的全场应变场，轴向预压应力的增加有助于提高裂纹扩展速度，并且动态裂纹萌生韧性降低。

针对深部矿井呈现高地温的特点，尹土兵等人[46]在动静组合 SHPB 设备的基础上，通过增加温度控制装置，研制了温压耦合实验设备，系统研究了不同轴向静压和温度（20～300℃）下粉砂岩的动态强度变化规律。研究结果表明，粉砂岩动态峰值强度在20～100℃范围内随温度升高而增大，温度超过100℃后动态峰值强度随温度升高而降低；相同温度条件下，粉砂岩极限强度与轴向静压有关，轴向静压在45MPa前极限强度随轴向静压增大而增大，轴向静压在45MPa后极限强度随轴向静压增大而降低。

这些研究反映出利用传统SHPB设备及其相关改进的耦合加载设备，可以较好地模拟深部岩体工程所处的耦合应力状态，虽然这些研究均是针对岩石材料而开展的实验，但其研究方法为含瓦斯煤动态力学特性的研究提供了良好的实验思路。因此，借鉴目前静态加载的瓦斯密封试验装置，对传统SHPB设备进行瓦斯密封的改造，可实现对深部煤炭开采过程中煤体承受气－静－动荷载耦合状态的实验模拟。

1.3 研究内容

本书以含瓦斯煤岩细观力学实验系统和含瓦斯煤岩动态力学试验系统的研发为基础，采用数学力学理论分析和实验结果分析相结合、宏观力学实验和细观力学实验相结合的方法进行研究工作，主要研究内容如下：

（1）运用断裂力学和损伤力学，研究瓦斯压作用下含瓦斯煤岩的断裂力学性质；探讨压剪应力与瓦斯压力共同作用下含瓦斯煤岩中张开型裂纹闭合、起裂以及初裂强度规律；介绍瓦斯压力－压（拉）剪应力共同作用下含瓦斯煤岩裂隙变化发展的理论基础。

（2）为从细观力学角度研究含瓦斯煤岩细观变形破坏规律，借助CCD相机（高速摄像仪）和声发射监测设备作为辅助测试手段，自行研制开发含瓦斯煤岩细观力学实验系统。同时，基于数字散斑相关方法（DSCM）开发含瓦斯煤岩试样表面细观变形的计算程序。进行不同瓦斯压力条件下含瓦斯煤岩单轴抗压、巴西劈裂抗拉以及三点弯曲断裂的细观力学试验研究。

（3）基于动静组合SHPB试验设备，研制含瓦斯煤岩动态力学试验系统。开展不同瓦斯压力、不同静载条件下含瓦斯煤岩动静组合力学试验研究，分别从含瓦斯煤岩动态破碎分布、应力－应变关系、动态应力增长因子、破碎能量利用率及损伤特性分析瓦斯压力对煤体动态力学特性的影响规律。并通过对比动、静态试验结果，探索不同加载方式对含瓦斯煤岩力学特性的影响特性。

参 考 文 献

[1] 谢和平．深部大型地下工程开采与利用中的几个关键岩石力学问题［M］．北京：中国

环境科学出版社，2002.

[2] 周宏伟，谢和平，左建平．深部高地应力下岩石力学行为研究进展［J］．力学进展，2005，35（1）：91～99.

[3] 何满潮，谢和平，彭苏萍，等．深部开采岩体力学及工程灾害控制研究［J］．煤矿支护，2007，3：1～14.

[4] 蓝航，陈东科，毛德兵．我国煤矿深部开采现状及灾害防治分析［J］．煤炭科学技术，2016，44（1）：39～46.

[5] 吴世跃．煤层气与煤层耦合运动理论及其应用的研究——具有吸附作用的气固耦合理论［D］．沈阳：东北大学，2005.

[6] 谢广祥，胡祖祥，王磊．工作面煤层瓦斯压力与采动应力的耦合效应［J］．煤炭学报，2014，39（6）：1089～1093.

[7] 张朝鹏，高明忠，张泽天，等．不同瓦斯压力原煤全应力应变过程中渗透特性研究［J］．煤炭学报，2015，（04）：836～842.

[8] 窦林名，何江，曹安业，等．煤矿冲击矿压动静载叠加原理及其防治［J］．煤炭学报，2015，40（7）：1469～1476.

[9] 潘俊锋，宁宇，毛德兵，等．煤矿开采冲击地压启动理论［J］．岩石力学与工程学报，2012，31（3）：586～596.

[10] 岳中琦．岩爆的压缩流体包裹体膨胀力源假说［J］．力学与实践，2015，37（3）：287～294.

[11] 和雪松，李世愚，滕春凯．不同距离力源作用下脆性破裂的稳定性和止裂［J］．地震学报，2005，27（1）：51～59.

[12] 神火集团有限公司薛湖煤矿“5·15”较大煤与瓦斯突出事故调查报告［EB/OL］．永城市人民政府网站．（2017－12－25）［2919. 1. 11］．http：//www. ycs. gov. cn/doc/2017/12/25/124192. shtml.

[13] Evans I, Pomeroy C D, et al. The compressive strength of coal [J]. Colliery Eng, 1961, 38: 75.

[14] Bieniawaski Z T. The effect of specimen size on compression strength in coal [J]. International Journal of Rock Mechanic and Mining Science, 1968 (5): 325～333.

[15] 王佑安．在瓦斯介质中煤的强度降低及其变形的初步研究［R］．抚顺煤岩所第一研究室，1964.

[16] Ranjith P G, Jasinge D, Choi S K, et al. The effect of CO_2 saturation on mechanical properties of Australian black coal using acoustic emission [J]. Fuel, 2010, 89 (8): 2110～2117.

[17] 梁冰，章梦涛，潘一山，等．瓦斯对煤的力学性质及力学响应影响的试验研究［J］．岩土工程学报，1995，17（5）：12～18.

[18] Noack K. Control of gas emissions in underground coal mines [J]. International Journal of Coal Geology, 1998, 35 (1～4): 57～82.

[19] Berbale Y. The effective pressure law for permeability in Chelmsford granite and granite [J]. International Journal of Rock Mechanic and Mining Sciences, 1986, 23 (3): 267～275.

[20] 何学秋，周世宁．煤和瓦斯突出机理的流变假说明 [J]．中国矿业大学学报，1990，19 (2)：1～9.

[21] 许江，鲜学福．含瓦斯煤的力学特性的实验分析 [J]．重庆大学学报，1993，16 (5)：26～32.

[22] 刘延保，曹树刚，李勇，等．煤体吸附瓦斯膨胀变形效应的试验研究 [J]．岩石力学与工程学报，2010，29 (12)：2484～2491.

[23] 王磊．应力场和瓦斯场采动耦合效应研究 [D]．淮南：安徽理工大学，2010.

[24] 尹光志，黄启翔，张东明，等．地应力场中含瓦斯煤岩变形破坏过程中瓦斯渗透特性的试验研究 [J]．岩石力学与工程学报，2010，29 (2)：336～343.

[25] Jiang Changbao，Yin Guangzhi，Li Wenpu，et al. Experimental of mechanical properties and gas flow of containing-gas coal under different unloading speeds of confining pressure [J]. Procedia Engineering，2011，26 (3)：1380～1384.

[26] 何学秋，王恩元，聂百胜，等．煤岩流变电磁动力学 [M]．北京：科学出版社．2003：43～58.

[27] 曹树刚，刘延保，李勇，等．煤岩固－气耦合细观力学试验装置的研制 [J]．岩石力学与工程学报，2009，28 (8)：1681～1690.

[28] 许江，彭守建，尹光志，等．含瓦斯煤岩细观剪切试验装置的研制及应用 [J]．岩石力学与工程学报，2011，30 (4)：676～685.

[29] 赵毅鑫，肖汉，黄亚琼．霍普金森杆冲击加载煤样巴西圆盘劈裂试验研究 [J]．煤炭学报，2014，39 (2)：286～291.

[30] 杨仁树，王雁冰，侯丽冬，等．冲击荷载下缺陷介质裂纹扩展的 DLDC 试验 [J]．岩石力学与工程学报，2014，33 (10)：1971～1976.

[31] 单仁亮，程瑞强，高文蛟．云驾岭煤矿无烟煤的动态本构模型研究 [J]．岩石力学与工程学报，2006，25 (11)：2258～2263.

[32] 高文蛟，单仁亮，苏永强．无烟煤单轴冲击动态强度理论 [J]．爆炸与冲击，2013，33 (3)：297～302.

[33] 刘文震．煤在冲击载荷下的动态力学特性试验研巧 [D]．淮南：安徽理工大学，2011.

[34] 刘晓辉，张茹，刘建锋．不同应变率下煤岩冲击动力试验研究 [J]．煤炭学报，2012，37 (9)：1528～1534.

[35] 解北京，崔永国，王金贵．煤冲击破坏力学特性试验研究 [J]．煤矿安全，2013，44 (11)：18～21.

[36] 付玉凯，解北京，王启飞．煤的动态力学本构模型 [J]．煤炭学报，2013，38 (10)：1769～1774.

[37] 戎立帆，穆朝民，张文清．潘谢煤田 13－1 煤层煤岩冲击动力学性能及本构关系的建立 [J]．煤炭学报，2015，40 (s1)：40～46.

[38] 何满潮．深部的概念体系及工程评价指标 [J]．岩石力学与工程学报，2005，24 (16)：2854～2858.

[39] 李夕兵．岩石动力学基础与应用 [M]．北京：科学出版社，2016.

[40] 李夕兵，周子龙，叶州元，等．岩石动静组合加载力学特性研究［J］．岩石力学与工程学报，2008，27（7）：1387~1395.

[41] 宫凤强，李夕兵，刘希灵．三维动静组合加载下岩石力学特性试验初探［J］．岩石力学与工程学报，2011，30（6）：1179~1190.

[42] 周子龙，李夕兵，刘希灵．深部岩石破碎方法［C］//深部岩体力学基础理论研究与工程灾害控制学术会议，2005.

[43] 刘少虹，秦子晗，娄金福．一维动静加载下组合煤岩动态破坏特性的试验分析［J］．岩石力学与工程学报，2014，33（10）：2064~2075.

[44] 王文，李化敏，袁瑞甫，等．动静组合加载含水煤样的力学特征及细观力学分析［J］．煤炭学报，2016，41（03）：611~617.

[45] Yin Z Q, Ma H F, Hu Z X, et al. Effect of static-dynamic coupling loading on fracture toughness and failure characteristics in marble [J]. Journal of Engineering Science & Technology Review, 2014, 7 (2): 169~174.

[46] 尹土兵，李夕兵，宫凤强，等．温压耦合作用下岩石动态破坏过程和机制研究［J］．岩石力学与工程学报，2012，31（s1）：2814~2820.

2 瓦斯压力-应力作用下含瓦斯煤裂纹起裂特性

根据裂纹受力及断裂发展的断裂面相对位移情况，岩体裂纹断裂模式可以分为3种基本类型[1~3]（见图2-1）。张开型（Ⅰ型）裂纹代表在垂直于裂纹面的拉应力作用下，裂纹上下两表面相对张开，裂纹表面位移垂直于裂纹面的情况。滑开型（Ⅱ型）裂纹代表同时受平行于裂纹面但垂直于裂纹前缘的剪切应力作用下，裂纹上下两表面沿 x 轴相对滑移，裂纹表面在裂纹平面内发生位移，位移方向垂直于裂纹前缘线的情况。撕开型（Ⅲ型）裂纹代表同时受既平行于裂纹面又平行于裂纹前缘的剪切应力作用下，裂纹上下两表面沿 z 轴相对滑移，裂纹表面在裂纹平面内发生位移，位移方向平行于裂纹前缘线的情况。其中Ⅱ型裂纹又称面内剪切型裂纹；Ⅲ型裂纹又称面外剪切型裂纹。现实中还存在更为复杂的组合型裂纹形式，均可以分解为以上3种简单裂纹的相互组合形式。

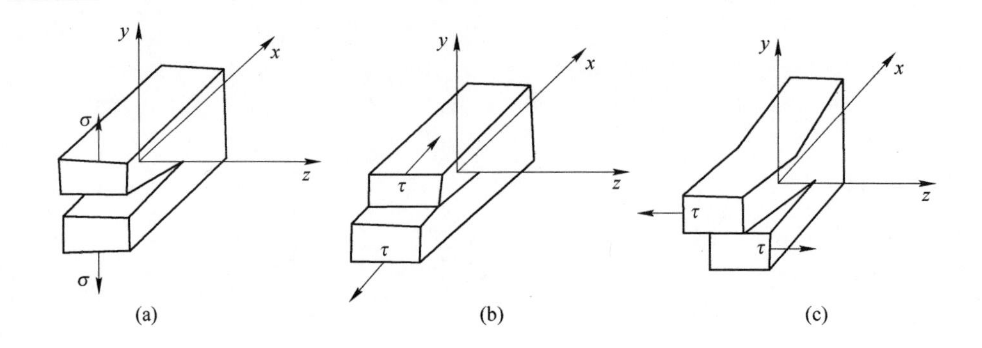

图2-1 裂纹的3种基本形式

（a）张开型（Ⅰ型）裂纹；（b）滑开型（Ⅱ型）裂纹；（c）撕开型（Ⅲ型）裂纹

煤岩体是一种典型的多孔隙（裂隙）介质，煤岩体断续（非连续）裂隙的起裂、扩展、贯通以及相互作用，直接导致煤岩体力学特性的逐渐劣化直至最后断裂。当煤岩体处于应力和瓦斯耦合作用下时，煤岩体裂隙在起裂、扩展、贯通以及分支裂纹的产生等方面的劣化趋势会有所加剧，这一现象已经引起不少学者的注意。宏观上，瓦斯压力的存在降低结构面之间的有效正应力，加剧煤岩体沿优势结构面的滑移剪切破坏；微观上，瓦斯压力和应力的耦合作用导致了煤岩体裂纹萌生、分岔、扩展、贯通。瓦斯赋存导致煤岩强度的降低已成为工程地质学界不争的事实。然而，在考虑应力场和瓦斯压力共同作用下煤体裂隙的断裂贯通机理和岩体的强度特性方面研究还不成熟。

本章在以往研究的基础上，运用断裂力学理论，考虑张开型裂纹在远场应力与裂纹表面瓦斯压力共同作用下裂纹由张开到闭合的过程中，裂纹尖端应力场的变化趋势，从理论上探讨考虑瓦斯压力作用下裂纹的Ⅰ型、Ⅱ型应力强度因子、裂纹扩展方向以及裂纹初裂强度等方面的问题。

2.1 考虑瓦斯压力作用的裂纹尖端应力强度因子分析

假设煤体内瓦斯压力为 p。按断裂力学理论，在无限大平板内有一场为 $2a$ 的穿透裂纹，在无限大板边缘分布远场最大压应力 σ_1、远场最小压应力 σ_3，其中裂纹与最小主应力 σ_3 夹角为 β，裂纹扩展角为 θ，瓦斯压力作用下煤体裂纹的双向应力示意图如图 2-2 所示。

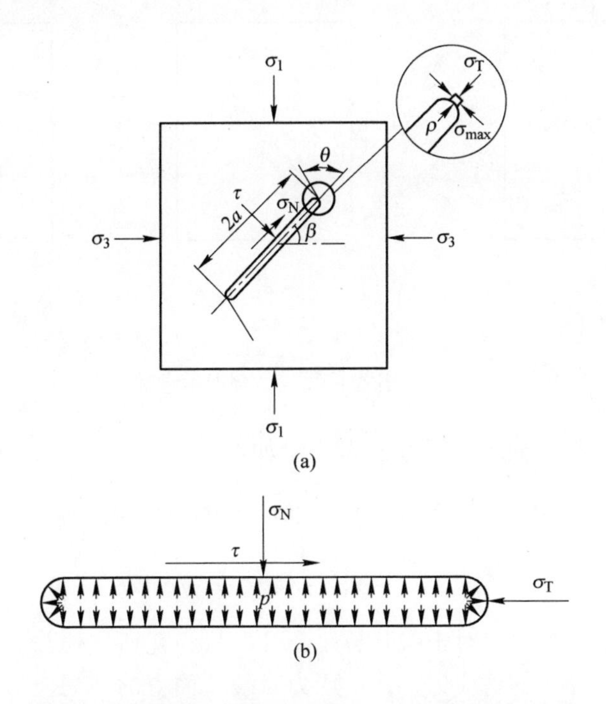

图 2-2 瓦斯压力作用下煤体裂纹的双向应力示意图

（a）压剪条件下张开型裂隙受力图；（b）张开型裂隙受力图

由弹性力学理论可以得出，作用在主裂纹平面上的法向压应力 σ_N、横向

压应力 σ_T[4] 和远场剪应力 τ，可由远场最大主应力 σ_1 和最小主应力 σ_3 表示如下：

$$\begin{cases}\sigma_N = \frac{1}{2}[(\sigma_1+\sigma_3)+(\sigma_1-\sigma_3)\cos2\beta] \\ \sigma_T = \frac{1}{2}[(\sigma_1+\sigma_3)-(\sigma_1-\sigma_3)\cos2\beta] \\ \tau = \frac{1}{2}(\sigma_1-\sigma_3)\sin2\beta\end{cases} \tag{2-1}$$

假设煤体不透气，瓦斯压力可视为面力作用于裂纹表面部位，如图 2-2（b）所示，则进行裂纹变形计算时应采用相应的有效压应力 σ'和有效剪应力 τ'。

根据断裂力学理论，各种荷载作用时的同类应力强度因子可以叠加。图 2-3（a）所示的受力状态可以等价转换为图 2-3（b）和图 2-3（c）所示的受力状态的叠加。

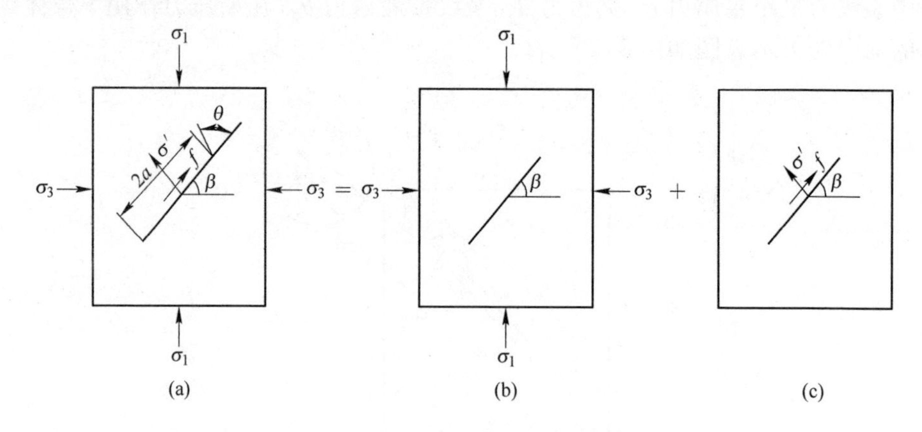

图 2-3　各类荷载应力叠加示意图

根据叠加原理，有效压应力 σ'可表示如下：

$$\begin{cases}\sigma'_N = \frac{1}{2}[(\sigma_1+\sigma_3)+(\sigma_1-\sigma_3)\cos2\beta]-p \\ \sigma'_T = \frac{1}{2}[(\sigma_1+\sigma_3)-(\sigma_1-\sigma_3)\cos2\beta]-p\end{cases} \tag{2-2}$$

当裂纹为张开型时，对于张开裂纹，可以认为瓦斯气体与裂纹接触面无摩擦力作用，故不存在的剪应力，瓦斯压力对裂纹面上的剪切应力无影响，有效剪应力 τ'为：

$$\tau' = \tau = \frac{1}{2}(\sigma_1-\sigma_3)\sin2\beta \tag{2-3}$$

当裂纹为闭合型时，瓦斯压力将在闭合的裂纹面产生与应力引起的剪应力

τ反方向的剪应力 τ_g，有效剪应力 τ'为：

$$\tau' = \tau - \tau_g = \frac{1}{2}(\sigma_1 - \sigma_3)\sin 2\beta - c - (\sigma_N - p)\tan\varphi$$

$$= \frac{1}{2}(\sigma_1 - \sigma_3)\sin 2\beta - c - \left\{\frac{1}{2}[(\sigma_1 + \sigma_3) + (\sigma_1 - \sigma_3)\cos 2\beta] - p\right\}\tan\varphi \tag{2-4}$$

2.1.1　裂纹 I 型应力强度因子

根据断裂力学理论，对于裂纹张开扩展的 I 型裂隙，由有效法向压应力 σ'_N 引起的 I 型裂纹尖端应力强度因子为：

$$K_{I(N)} = -\sigma'_N \sqrt{\pi a} \tag{2-5}$$

另外，对于一般性的张开型裂纹，其裂纹尖端曲率半径 ρ 和裂纹厚度 d 均不为零。N. I. Muskhelishvihi[5] 对此研究认为，对于长宽分别为 $2a$ 和 $2b$ 的椭圆型裂纹，横向压应力 σ_T 将在平行与裂纹走向处产生与其垂直的拉伸应力 σ，并且在裂纹尖端出产生最大拉伸应力 σ_{max}，如图 2-2（a）所示。假设当最大拉伸应力 σ_{max}和有效横向压应力 σ'_T 相等时。拉应力 σ 产生的 I 型裂纹尖端应力强度因子可表示为：

$$K_{I(T)} = \sigma'_T \sqrt{\frac{\rho}{a}} \sqrt{\pi a} \tag{2-6}$$

其中：

$$\rho / a \to 0$$

根据以上有效法向压应力 σ'_N 和有效横向压应力 σ'_T 所引起裂纹的强度因子分析，张开型裂隙的 I 型应力强度因子为：

$$\begin{aligned} K_I &= K_{I(N)} + K_{I(T)} = -\sigma_N \sqrt{\pi a} + \sigma_T \sqrt{\frac{\rho}{a}} \sqrt{\pi a} \\ &= -\sqrt{\pi a}\left\{\frac{1}{2}[(\sigma_1 + \sigma_3) + (\sigma_1 - \sigma_3)\cos 2\beta] - p\right\} + \\ &\quad \sqrt{\pi a}\left\{\frac{1}{2}[(\sigma_1 + \sigma_3) - (\sigma_1 - \sigma_3)\cos 2\beta] - p\right\}\sqrt{\frac{\rho}{a}} \end{aligned} \tag{2-7}$$

代入相关系数，I 型断裂应力强度因子与裂纹倾角、瓦斯压力的变化规律如图 2-4 和图 2-5 所示。

由图 2-4 和图 2-5 可知，随着裂纹倾角的增大，张开型裂纹的 I 型应力强度因子将逐步减小；受煤体内部瓦斯压力增大，明显地减小了作用在裂纹面上的有效正应力，导致裂纹尖端应力强度因子 K_I 随瓦斯压力的增加而增大，相关研究认为，尖端应力强度因子的增大，对裂纹的扩展起到了“楔入”劈裂作用[6]。因此煤体内部瓦斯压力的作用，将引起含瓦斯煤体产生渐进性破坏。

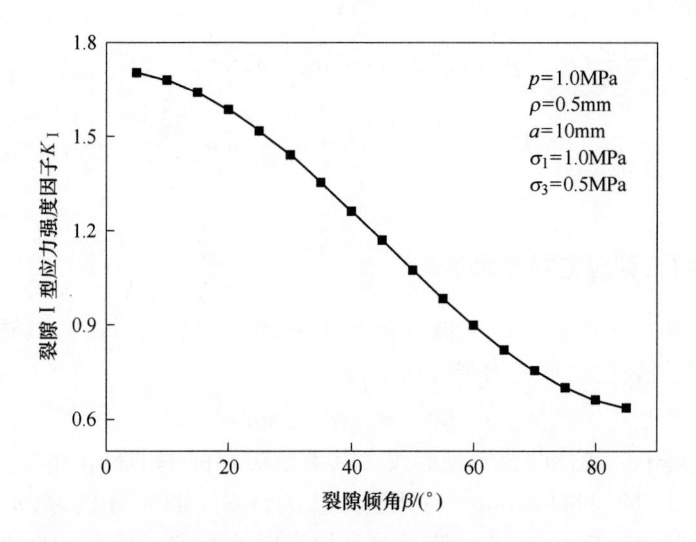

图 2-4　张开型裂隙的 I 型应力强度因子随裂隙倾角变化曲线

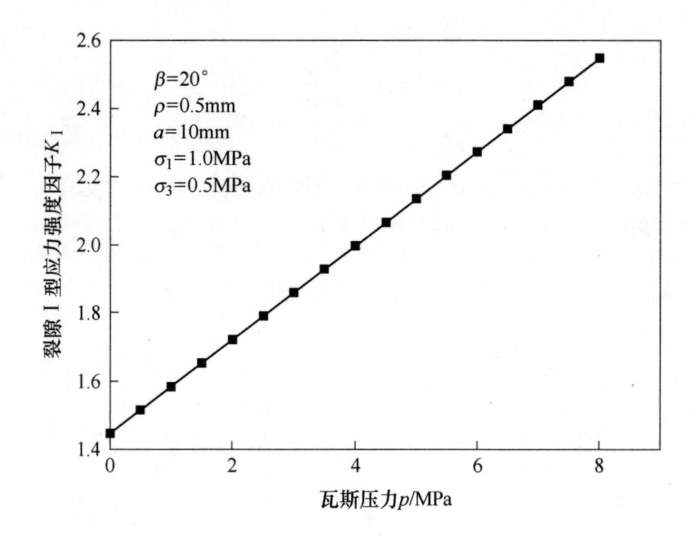

图 2-5　张开型裂隙的 I 型应力强度因子随瓦斯压力变化曲线

2.1.2　裂纹Ⅱ型应力强度因子

根据断裂力学知识可知，此时裂隙的Ⅱ型断裂应力强度因子为：

$$K_{\mathrm{II}} = \tau' \sqrt{\pi a} \tag{2-8}$$

对于张开裂纹，结合式（2-3）代入式（2-8）得：

$$K_{\mathrm{II}} = \tau' \sqrt{\pi a} = \tau \sqrt{\pi a} = \frac{1}{2}\sqrt{\pi a}(\sigma_1 - \sigma_3)\sin 2\beta \tag{2-9}$$

断裂力学定义裂纹在剪切作用下扩展准则为：$K_{\mathrm{II}} = K_{\mathrm{II}C}$，当Ⅱ型断裂应力强度因子大于材料的Ⅱ型断韧度时发生断裂破坏。由式（2-9）可以看出，K_{II} 与瓦斯压力 p 无关，即张开型裂纹发生Ⅱ型剪切断裂与瓦斯压力无关。代入相关系数，Ⅱ型断裂应力强度因子与裂纹倾角的变化规律如图 2-6 所示。

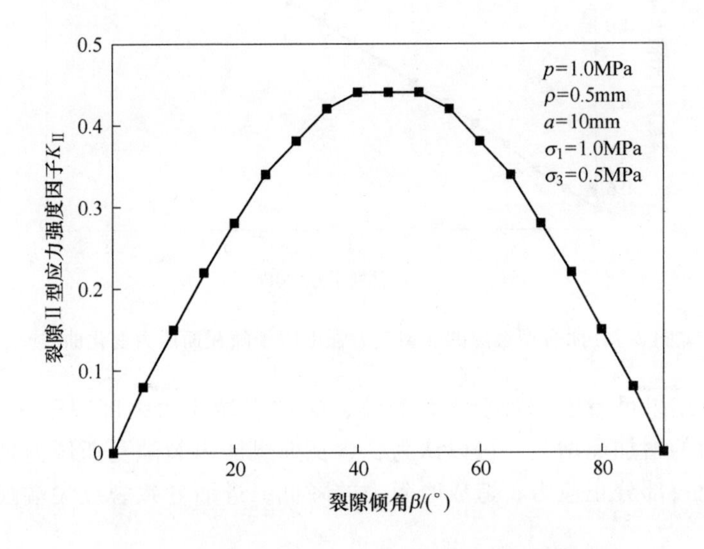

图 2-6　张开型裂隙的Ⅱ型应力强度因子随裂隙倾角变化曲线

由图 2-6 可知，随着裂纹倾角的增大，张开型裂纹的Ⅱ型应力强度因子呈先增大后减小的二次曲线变化，存在一定倾角时存在应力强度因子最大值。

对于闭合裂纹，考虑到煤体内部的瓦斯压力在裂纹面上所产生的反方向剪应力，将式（2-4）代入式（2-8）得：

$$\begin{aligned} K_{\mathrm{II}} &= \left\{\frac{1}{2}(\sigma_1 - \sigma_3)\sin 2\beta - c - \left[\frac{1}{2}[(\sigma_1 + \sigma_3) + (\sigma_1 - \sigma_3)\cos 2\beta] - p\right]\right\}\tan\varphi \sqrt{\pi a} \\ &= \left[\frac{1}{2}(\sin 2\beta + \cos 2\beta\tan\varphi - \tan\varphi)\sigma_1 - \frac{1}{2}(\sin 2\beta + \cos 2\beta\tan\varphi + \tan\varphi)\sigma_3 + p\tan\varphi - c\right]\sqrt{\pi a} \end{aligned} \tag{2-10}$$

代入相关参数，计算得出不同瓦斯压力状态下的闭合型裂隙尖端Ⅱ型断裂应力强度因子，如图 2-7 所示。

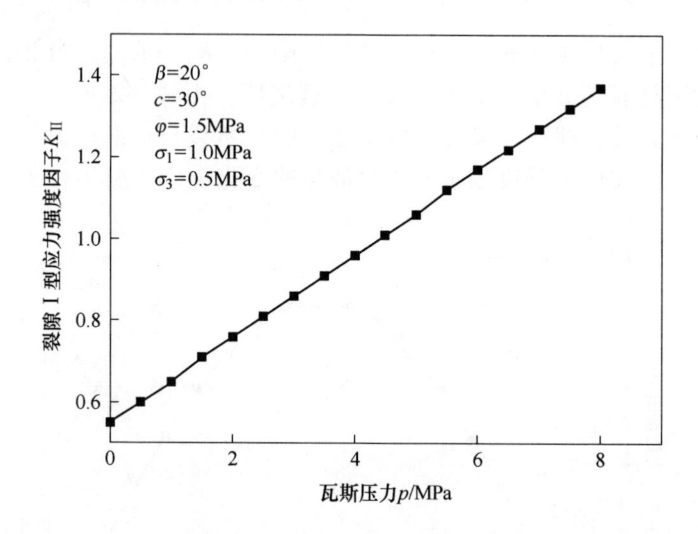

图 2-7　闭合型裂隙的Ⅱ型应力强度因子随瓦斯压力变化曲线

由计算结果可看出，对于闭合裂纹，裂纹尖端应力强度因子 K_{II} 随着煤体内瓦斯压力的增加而增大。可以认为，含瓦斯煤体内裂隙瓦斯压力抵消了作用在裂纹面上一部分正应力，造成摩阻力的降低，进而导致裂纹尖端强度因子的增大。

综合以上分析得出，含瓦斯煤体内的瓦斯压力的存在，造成裂纹尖端Ⅰ型和闭合裂纹Ⅱ型应力强度因子的增大，将有助于含瓦斯煤体的破坏。

2.2　考虑瓦斯压力作用的裂纹起裂角分析

对于复合型断裂裂纹起裂角的研究，以往研究成果一般通过以下 3 种理论进行分析计算：（1）最大周向应力原理[7]；（2）应变能释放率理论[8]；（3）应变能密度理论[9]。

本书采用最大周向应力原理，分析瓦斯压力对裂纹起裂角的影响。该原理具有相对直观的特点，目前主要用于岩石类准脆性材料的断裂特性的分析。其主要认为，当周向应力处于导致裂纹扩展的临界值时，在预制裂纹尖端处将产生翼形裂纹，并将沿着裂纹尖端迹线处的最大周向应力方向扩展。此时，裂纹尖端处的周向拉应力可表示为：

$$\sigma_\theta = \frac{1}{2\sqrt{\pi a}}\cos\frac{\theta}{2}\left(K_{\mathrm{I}}\cos^2\frac{\theta}{2} - \frac{3}{2}K_{\mathrm{II}}\sin\theta\right) + \sigma_{\mathrm{T}}\sin^2\theta \tag{2-11}$$

式（2-11）中第二项（$\sigma_{\mathrm{T}}\sin^2\theta$）为非奇异项，可忽略不计。结合式

(2-5)，此时沿 θ 方向的Ⅰ型应力强度因子 $K_{\mathrm{I}}(\theta)$ 可表示为：

$$K_{\mathrm{I}}(\theta)=K_{\mathrm{I}}\cos^{3}\frac{\theta}{2}-\frac{3}{4}K_{\mathrm{II}}\sin\theta\cos\frac{\theta}{2} \tag{2-12}$$

由最大周向应力原理可知，翼裂纹初始起裂角 θ 发生在有效应力最大值处，即Ⅰ型应力强度因子的极大值处，其 θ 的一阶偏导数为零、二阶偏导数小于零，如式（2-13）所示：

$$\left.\begin{aligned}\frac{\partial K_{\mathrm{I}}(\theta)}{\partial\theta}=0\\ \frac{\partial^{2}K_{\mathrm{I}}(\theta)}{\partial\theta^{2}}<0\end{aligned}\right\} \tag{2-13}$$

利用式（2-13）将式（2-12）进行相应分析，经整理可得初始翼形裂纹起裂角 θ_0 与应力强度因子的函数关系：

$$\theta_0=\arcsin\frac{K_{\mathrm{II}}/K_{\mathrm{I}}}{\sqrt{1+(3K_{\mathrm{II}}/K_{\mathrm{I}})^{2}}}-\arctan\frac{3K_{\mathrm{II}}}{K_{\mathrm{I}}} \tag{2-14}$$

将Ⅰ型裂纹应力强度因子式（2-7）和Ⅱ型裂纹应力强度因子式（2-9）、式（2-10）代入式（2-14），并代入相关计算参数，可分别得出含瓦斯煤中受瓦斯压力作用张开型、闭合型裂纹扩展的起裂角度变化规律，如图 2-8 所示。

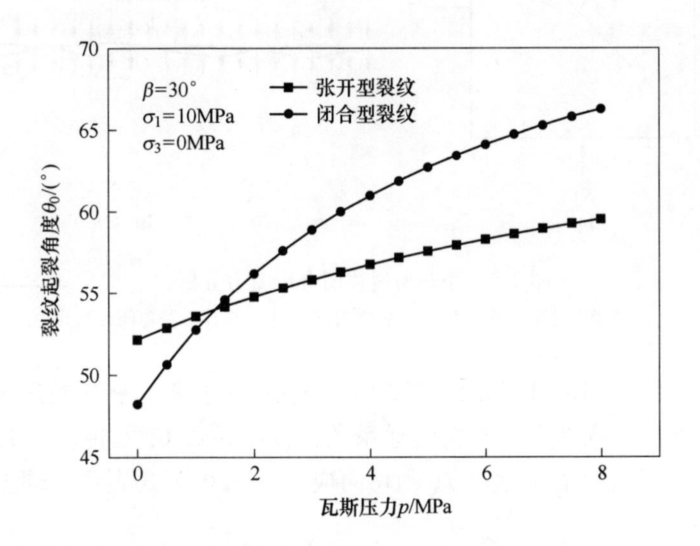

图 2-8 裂纹起裂角度随瓦斯压力的变化曲线

由图 2-8 可以看出，含瓦斯煤体随瓦斯压力的增大，其裂纹起裂角随之增大，且闭合性裂纹的增加幅值较张开型裂纹更大。

2.3 考虑瓦斯压力作用的裂纹初裂强度分析

煤岩试样在实际的压缩过程中，其张开型裂纹将有可能发生闭合以及闭合裂纹逐渐张开的相互转化现象，使其裂纹的边界条件发生变化，经以上分析可知，张开型和闭合型裂纹面对裂纹应力强度因子以及破裂形态有明显的影响，因此，针对张开型裂纹起裂失稳前发生的闭合现象进行相关分析具有实际意义[10]。

假定初始张开的裂纹在闭合后，裂纹的上下表面将产生一定的接触，其裂纹面部分闭合，对此本书引入相关系数 ξ 用于描述表征受压后未完全闭合的裂纹面积与总面积之比，故瓦斯气体压力 p 的相应的转变为有效压力 ξp。

受瓦斯压力－压缩应力共同作用的张开型裂隙发生闭合后的受力状态如图2-9所示。

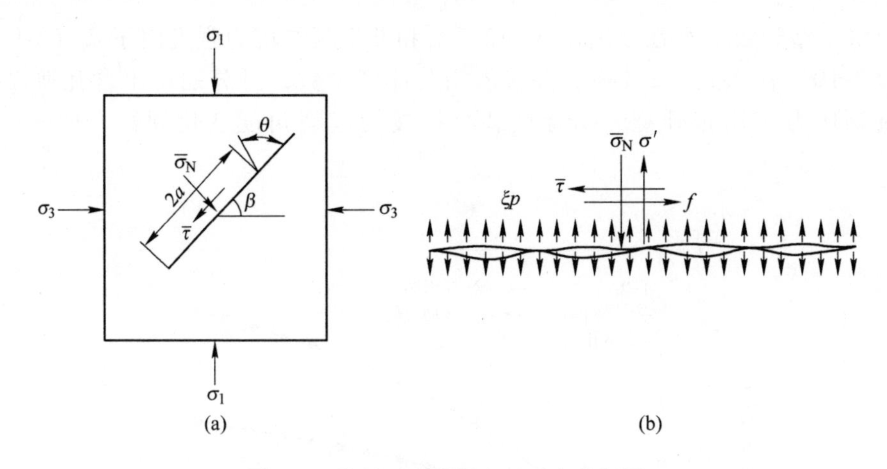

图 2-9 张开型裂隙闭合后受力分析图

（a）压剪条件下张开型裂隙闭合后受力图；（b）张开型裂隙闭合后受力图

由于裂隙面之间部分闭合，裂纹上下表面产生接触，将导致压应力和剪应力传递发生改变，在此引入相关传递系数：传压系数 C_n 及传剪系数 C_v。故实际作用在裂纹面上的法向应力 $\overline{\sigma}_N$ 和切向应力 τ 可由下式表示（同上取压应力为正方向）：

$$\overline{\sigma}_N = \frac{\sigma_1 - \sigma_1^e}{2}(1 - C_n)\left[\left(1 + \frac{\sigma_1}{\sigma_3}\right) + \left(1 - \frac{\sigma_1}{\sigma_3}\right)\cos 2\beta\right] - \xi p \tag{2-15}$$

$$\overline{\tau} = \frac{\sigma_1 - \sigma_1^e}{2}(1 - C_v)\left(1 - \frac{\sigma_1}{\sigma_3}\right)\sin 2\beta \tag{2-16}$$

传压系数 C_{n} 和传剪系数 C_{v} 分别为：

$$\begin{cases} C_{\mathrm{n}} = \dfrac{\pi a}{\pi a + \dfrac{E}{(1-\nu^2)K_{\mathrm{n}}}} \\ C_{\mathrm{n}} = \dfrac{\pi a}{\pi a + \dfrac{E}{(1-\nu^2)K_{\mathrm{s}}}} \end{cases} \tag{2-17}$$

式中，σ_1^e 为裂纹面的闭合荷载；ν 为岩石材料泊松比；E 为岩石材料弹性模量；K_{n} 为裂隙法向刚度；K_{s} 为裂隙切向刚度。

在剪应力 $\bar{\tau}$ 的作用下将引起裂纹面的相对滑移，由于裂纹表面为部分接触，因此在裂纹面将产生一定的摩擦阻力 f：

$$f = \mu\,\bar{\sigma}_N = \frac{\sigma_1 - \sigma_1^e}{2}(1 - C_{\mathrm{n}})\mu\left[\left(1 + \frac{\sigma_1}{\sigma_3}\right) + \left(1 - \frac{\sigma_1}{\sigma_3}\right)\cos 2\beta\right] - \mu\xi p \tag{2-18}$$

式中，μ 为裂隙面摩擦系数。

裂纹的相对滑移，使得剪切力 τ 必须克服该摩擦力，由此导致裂纹相对滑移的有效剪切驱动力 τ_{eff} 可表示如下：

$$\begin{aligned} \tau_{eff} &= \bar{\tau} - f \\ &= \frac{\sigma_1 - \sigma_1^e}{2}(1 - C_{\mathrm{v}})\left(1 - \frac{\sigma_1}{\sigma_3}\right)\sin 2\beta - \frac{\sigma_1 - \sigma_1^e}{2}(1 - C_{\mathrm{n}})\mu \\ &\quad \left[\left(1 + \frac{\sigma_1}{\sigma_3}\right) + \left(1 - \frac{\sigma_1}{\sigma_3}\right)\cos 2\beta\right] + \mu\xi p \end{aligned} \tag{2-19}$$

将以上有效法向应力式（2-15）和剪应力式（2-19）分别代入Ⅰ型和Ⅱ型裂纹尖端应力强度因子式（2-5）和式（2-8），可以得在瓦斯气体压力作用下压剪岩石张开裂纹受压闭合扩展的应力强度因子：

$$K_{\mathrm{I}} = \sqrt{\pi a}\left\{-\frac{\sigma_1 - \sigma_1^e}{2}(1 - C_{\mathrm{n}})\left[\left(1 + \frac{\sigma_1}{\sigma_3}\right) + \left(1 - \frac{\sigma_1}{\sigma_3}\right)\cos 2\beta\right] + \xi p\right\} \tag{2-20}$$

$$\begin{aligned} K_{\mathrm{II}} = -\sqrt{\pi a}&\left\{\frac{\sigma_1 - \sigma_1^e}{2}\left(1 - \frac{\sigma_1}{\sigma_3}\right)\sin 2\beta + \mu\xi p - C_{\mathrm{n}} \cdot \frac{\sigma_1 - \sigma_1^e}{2}\right. \\ &\left.\mu\left[\left(1 + \frac{\sigma_1}{\sigma_3}\right) + \left(1 - \frac{\sigma_1}{\sigma_3}\right)\cos 2\beta\right]\right\} \end{aligned} \tag{2-21}$$

对于Ⅰ型裂纹，认定当 $K_{\mathrm{I}} = K_{\mathrm{IC}}$ 时，裂纹开始扩展发生拉伸破坏，此时作用在裂纹内的临界压力 $p_{\max \mathrm{I}}$ 应满足下式：

$$p_{\max \mathrm{I}} = \frac{K_{\mathrm{IC}}/\sqrt{\pi a} + \dfrac{\sigma_1 - \sigma_1^e}{2}(1 - C_{\mathrm{n}})\left[\left(1 + \dfrac{\sigma_1}{\sigma_3}\right) + \left(1 - \dfrac{\sigma_1}{\sigma_3}\right)\cos 2\beta\right]}{\xi} \tag{2-22}$$

对于Ⅱ型裂纹，认定当$K_{\mathrm{II}}=K_{\mathrm{IIC}}$时，裂纹开始扩展发生剪切破坏，此时作用在裂纹内的临界压力$p_{\max\mathrm{II}}$应满足下式：

$$p_{\max\mathrm{II}}=\frac{K_{\mathrm{IIC}}/\sqrt{\pi a}+\dfrac{\sigma_1-\sigma_1^e}{2}\left(1-\dfrac{\sigma_1}{\sigma_3}\right)\sin2\beta}{\mu\xi}-\frac{C_{\mathrm{n}}\cdot\dfrac{\sigma_1-\sigma_1^e}{2}\mu\left[\left(1+\dfrac{\sigma_1}{\sigma_3}\right)+\left(1-\dfrac{\sigma_1}{\sigma_3}\right)\cos2\beta\right]}{\mu\xi} \tag{2-23}$$

自从Griffith提出固体材料的破裂理论以来，断裂力学在金属材料以及岩石力学领域中得到迅速发展，并取得显著成果。由于岩石类材料通常表现为受压状态，其破裂多属于压剪破坏，因此众多学者研究了压剪条件下的复合断裂准则，如周群力等人[11]认为由压力引起的负K_{I}对压剪断裂的发展有抑制作用，并结合Mohr-Colomb强度理论，提出了相应的线性压剪断裂准则。相关实验与理论分析表明压剪裂纹开始起裂是垂直于最大拉应力方向开裂，即按Ⅰ型扩展的，对此提出了最大周向应力准则，并认为按最大周向应力准则，所建立的压剪状态下裂纹起裂准则更符合实验结论。

本章采用最大向应力准则和周群力压剪断裂准则探讨考虑含瓦斯煤岩瓦斯作用下压剪煤岩体裂纹初裂强度。

2.3.1 基于压剪断裂准则的含瓦斯煤裂纹初裂强度

基于周群力压剪断裂准则渗透作用下压剪岩石裂纹初裂强度。周群力等人认为负K_{I}对压剪断裂起遏制作用，其建立的周群力压剪断裂准则为：

$$\lambda_{12}\sum K_{\mathrm{I}}+\sum K_{\mathrm{II}}=K_{\mathrm{IIC}} \tag{2-24}$$

式中，λ_{12}为压剪系数，K_{IIC}为压缩状态下剪切断裂韧度。

将式（2-20）和式（2-21）代入式（2-24），可以得到渗透水压作用下压剪岩石裂纹初裂强度为：

$$\sigma_1=-\frac{2K_{\mathrm{IIC}}/\sqrt{\pi a}-2(\lambda_{12}+\mu)\xi p+B_1\sigma_3}{A_1} \tag{2-25}$$

$$\begin{cases}A_1=-(\lambda_{12}+\mu)(1-C_{\mathrm{n}})(1+\cos2\beta)+(1-C_{\mathrm{v}})\sin2\beta\\ B_1=-(\lambda_{12}-\mu)(1-C_{\mathrm{n}})(1-\cos2\beta)+(1-C_{\mathrm{v}})\sin2\beta\end{cases} \tag{2-26}$$

参考文献［11］中与煤岩类似的灰岩试样压剪断裂部分试验数据：裂纹半长$a=10\mathrm{cm}$，$K_{\mathrm{IIC}}=0.39\mathrm{MPa}\cdot\mathrm{m}^{1/2}$，$\lambda_{12}=0.5$，$\mu=0.6$，$\sigma_1^e=10\mathrm{MPa}$。假定裂隙表面开始是张开的，裂纹尖端曲率半径$\rho=0.5\mathrm{mm}$，闭合后裂隙面内连通率

$\xi=0.6$，裂纹内瓦斯压为 p，可以得到不同瓦斯压力下煤岩裂纹初裂强度随裂纹倾角的变化规律图 2-10 所示。

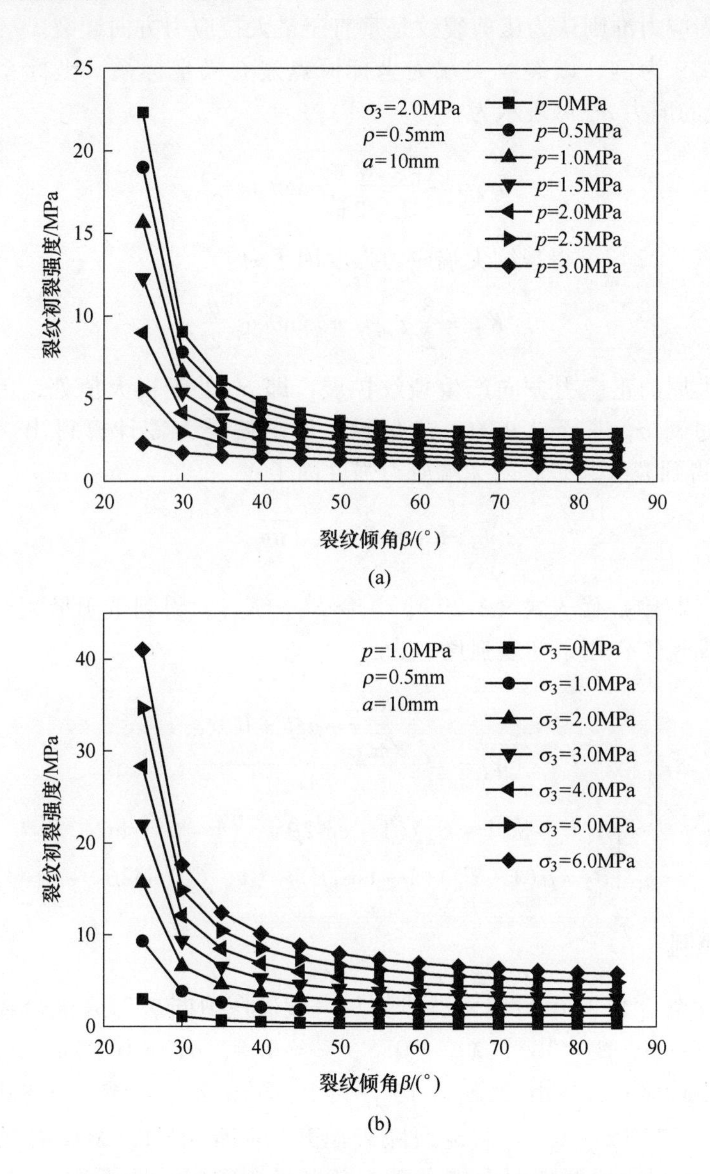

图 2-10 基于压剪准则裂隙起裂强度的变化规律

（a）瓦斯压力的影响；（b）围压的影响

由图 2-10 可以看出，瓦斯压力与裂纹起裂强度成反比，随瓦斯压力的增大，裂纹起裂强度降低；围压与裂隙起裂强度成正比，随围压的增大，裂纹起裂强度增加。

2.3.2 基于最大周应力准则的含瓦斯煤裂纹初裂强度

最大周应力准则认为压剪裂纹是垂直于最大拉应力方向起裂。

以图2-9为例，以裂纹尖端为坐标原点建立极坐标系，坐标系中任一点（r，θ）处的应力 σ_θ 可表示为：

$$\sigma_\theta = -\frac{3\tau_e\sqrt{\pi a}}{2\sqrt{2\pi r}}\sin\theta\cos\frac{\theta}{2} \tag{2-27}$$

由文献［12］可得裂纹尖端应力强度因子为：

$$K_{\rm I} = \frac{3}{2}\tau_{\rm eff}\sqrt{\pi a}\sin\theta\cos\frac{\theta}{2} \tag{2-28}$$

在最大周向正应力方向产生裂纹扩展，即 σ_θ 处于极大值处，因此裂纹扩展角可通过对 σ_θ 进行对 θ 的一阶偏导，设定偏导为零计算得出。并代入式(2-39)，得到裂纹起裂时的尖端应力强度因子：

$$K_{\rm I} = \frac{2}{\sqrt{3}}\tau_{\rm eff}\sqrt{\pi a} \tag{2-29}$$

将式（2-19）代入式（2-29），并令 $K_{\rm I} = K_{\rm IC}$，得到基于最大周向应力准则考虑瓦斯压力作用下初裂强度，为：

$$\sigma_1 = -\frac{\dfrac{\sqrt{3}K_{\rm IC}}{\sqrt{\pi a}} - \mu\xi p + B_2\sigma_3}{A_2} \tag{2-30}$$

$$\begin{cases} A_2 = -\mu(1-C_{\rm n})(1+\cos 2\beta) + (1-C_{\rm v})\sin 2\beta \\ B_2 = \mu(1-C_{\rm n})(1-\cos 2\beta) + (1-C_{\rm v})\sin 2\beta \end{cases} \tag{2-31}$$

2.3.3 算例

参考文献［11］中与煤岩类似的灰岩试样压剪断裂部分试验数据：裂纹半长 $a = 10\text{cm}$，$\beta = 30°$，$\lambda_{12} = 0.5$，$\mu = 0.6$，$\sigma_1^e = 10\text{MPa}$，$\sigma_3 = 2\text{MPa}$，$K_{\rm IIC} = 0.39\text{MPa}\cdot\text{m}^{1/2}$ 由文献［13］可以得出 $K_{\rm IC} = K_{\rm IIC}/0.886 = 0.39/0.886 = 2.272\text{MPa}\cdot\text{m}^{1/2}$。假定裂隙表面开始是张开的，裂纹尖端曲率半径 $\rho = 0.5\text{mm}$，闭合后裂隙面内连通率 $\xi = 0.6$，裂纹内瓦斯压为 p，将以上参数代入式（2-25）和式（2-38），则可以得到分别基于周群力压剪断裂准则和最大周向应力准则，瓦斯压力作用下煤岩裂纹初裂强度曲线，如图2-11所示。

由计算结果可知，无论是周群力压剪断裂准则还是最大周向应力准则，所得到裂纹初裂强度均有随瓦斯压力增大而降低的趋势，只是基于最大周向应力

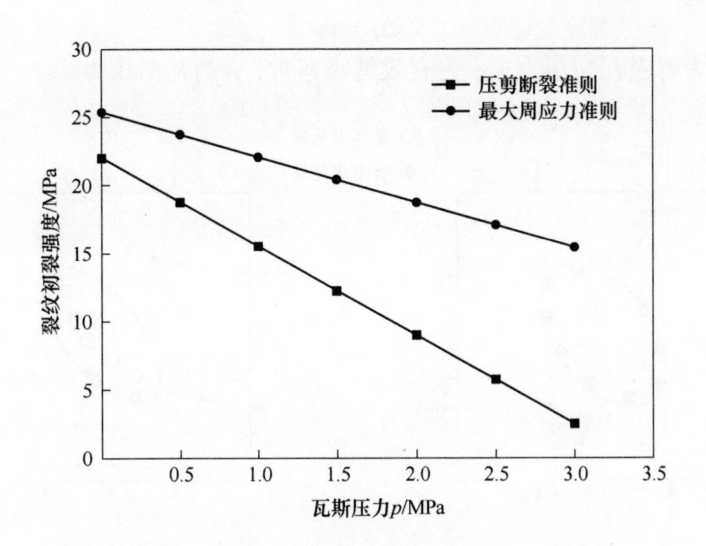

图 2-11 瓦斯压力与裂隙初裂强度关系曲线

准则计算所得初裂强度降低的趋势略缓一些。

2.4 考虑瓦斯解吸对断裂特征的影响

煤岩体是一种典型的多孔隙（裂隙）介质，在外荷载作用下试样首先在局部形成明显的剪应变区域，即局部的应力集中及损伤区。相关文献研究认为：含瓦斯煤体在外荷载变化引起损伤、裂纹扩展时，煤体中的瓦斯快速解吸、膨胀，造成孔隙压力升高，释放内能[14]。可以认为在裂纹扩展前所出现明显的局部应力集中现象，导致应力集中区附近瓦斯解吸，瓦斯赋存由吸附态向游离态转变。同时由于原煤试样宏观裂纹发育之前，原生裂纹没有完全联通，饱和吸附瓦斯状态煤体的渗透性进一步降低，针对低透气性煤而言，瓦斯在煤体空隙间的流动性较差，将造成局部原生裂隙内瓦斯压力增大。含瓦斯煤在轴向加载力和赋存瓦斯解吸膨胀应力的共同作用下造成裂纹扩展。定义受外荷载造成裂隙内瓦斯压力增大值为 Δp，按断裂力学理论，含瓦斯煤裂纹受力状态如图 2-12 所示。

2.4.1 瓦斯解吸对应力强度因子的影响

因为瓦斯在煤体中的解吸过程复杂，为方便分析瓦斯解吸与断裂的关系提出如下假设：

（1）煤体内裂纹平直光滑，其内游离瓦斯符合理想气体状态方程；

（2）解吸的游离瓦斯保留在裂隙内无渗流扩散；

（3）解吸瓦斯压力与瓦斯压力关系符合：

$$\Delta p = \alpha p \tag{2-32}$$

式中，Δp 为解吸瓦斯压力；α 为有效解吸系数；p 为瓦斯压力。

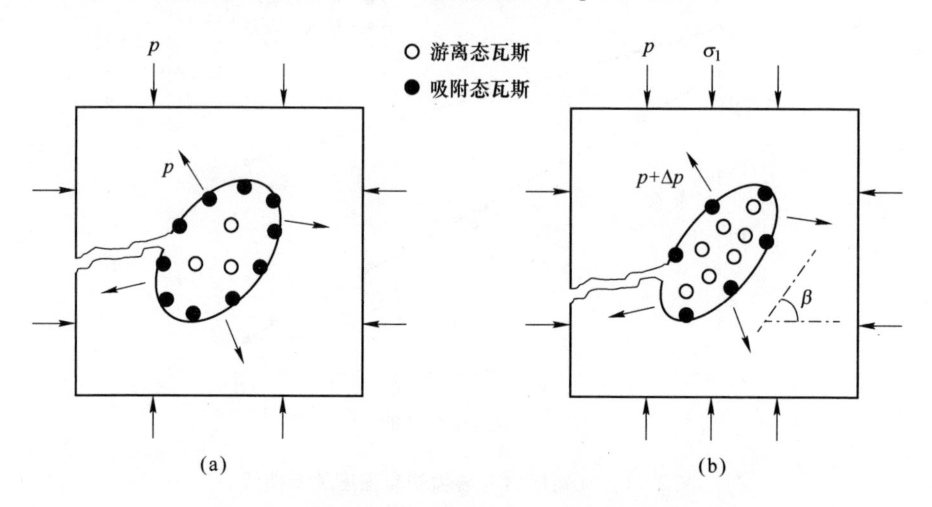

图 2-12　考虑瓦斯解吸作用的含瓦斯煤受力示意图
（a）无外界荷载；（b）有外界荷载

相关文献［15］认为：含瓦斯煤体受力解吸瓦斯量 ΔV_p 与赋存瓦斯压力 p 成幂相关性。随瓦斯压力增大，解吸瓦斯增多。

$$\Delta V_p = 87.647P^{0.5576} \tag{2-33}$$

根据理想气体状态方程，局部瓦斯压力的增量 Δp 随赋存瓦斯压力 p 的变化可表示为：

$$\Delta p = \frac{\Delta V_p / V_m}{VK} RT \tag{2-34}$$

式中，V_m 为气体摩尔体积；V 为试样体积；K 为试样孔隙率；R 为比例常数；T 为热力学温度。

根据本书煤岩参数，考虑加载过程解吸与文献完全解吸实验的区别，假设加载过程瓦斯解吸系数，因此，将式（2-33）、式（2-34）带入式（2-7），得到吸附气体解析后裂纹尖端应力强度因子 K_{I}：

$$\begin{aligned} K_{\mathrm{I}} = & -\sqrt{\pi a}\left[\frac{1}{2}(\sigma_1 + \sigma_1 \cos 2\beta) - 61.002\alpha p^{0.5576}\right] + \\ & \sqrt{\pi a}\left[\frac{1}{2}(\sigma_1 - \sigma_1 \cos 2\beta) - 61.002\alpha p^{0.5576}\right]\sqrt{\frac{\rho}{a}} \end{aligned} \tag{2-35}$$

$$K_{\mathrm{II}} = -\tau\sqrt{\pi a} = -\frac{1}{2}\sqrt{\pi a}\,\sigma_1 \sin 2\beta \tag{2-36}$$

由式（2-35）和式（2-36）可见，在相同的外荷载条件下，随初始瓦斯压力的增大，作用在裂纹面上的有效正应力明显减小，导致裂纹尖端应力强度因子 K_{I} 随瓦斯压力的增加而增大，但是对Ⅱ型断裂应力强度因子无明显相关性。不同解吸系数条件下，裂纹尖端应力强度因子 K_{I} 随瓦斯压力的变化规律如图 2-13 所示。可以看出，在不同解吸系数条件下，裂纹尖端强度因子均呈现增大趋势。

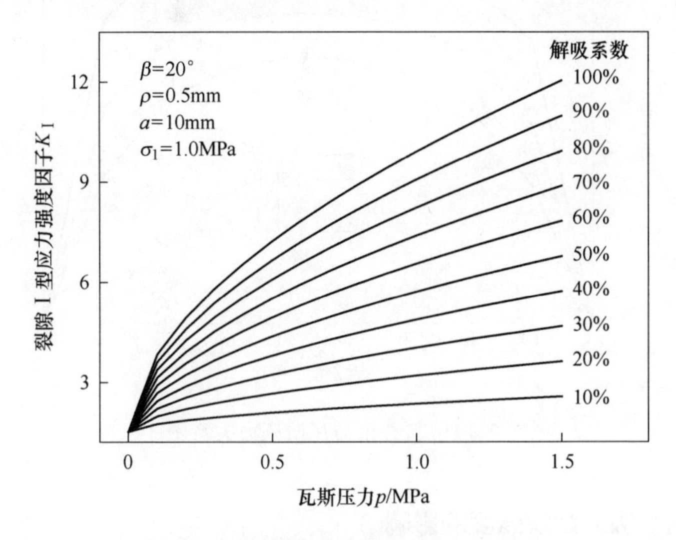

图 2-13 不同解吸系数下张开型裂隙的Ⅰ型应力强度因子随瓦斯压力变化趋势

由图 2-13 可以看出，Ⅰ型应力强度因子与随瓦斯压力和解吸率均有很好的匹配关系，都随瓦斯压力或解吸率的增大而增大。相关研究认为：尖端应力强度因子的增大，裂纹扩展的能耗降低，对裂纹的扩展起到了楔入劈裂作用，造成裂纹起裂强度降低。因此，随煤体初始瓦斯压力增大，裂纹尖端应力强度因子增大，将导致含瓦斯煤体裂纹在更小的外部荷载作用下发生扩展和破坏的可能性进一步增大。

2.4.2 瓦斯解吸对起裂角度的影响

将式（2-35）、式（2-36）带入式（2-11）~式（2-13），得到考虑瓦斯解析效应条件下，由最大周向应力原理计算所得的裂纹尖端起裂角度。由图 2-13 计算的参数，得到瓦斯解吸系数为 10% 的瓦斯赋存对裂纹起裂角度的影响规律，如图 2-14 所示。由图 2-14 可以看出，裂纹起裂角度受裂纹初始角度的影响不明显。无瓦斯赋存时裂纹起裂角基本在 70°左右，以裂纹角度为 40°和 50°为例，瓦斯压力从 0MPa 提高到 1.5MPa，裂纹起裂角分别由 66.5°和 66.9°降低到 48.3°和 48.6°，起裂角度降低近 30%。表明随赋存瓦斯压力的增大，裂纹起裂角度降低赋存瓦斯在裂纹扩展过程中能明显的改变裂纹尖端最大周向应力方向。

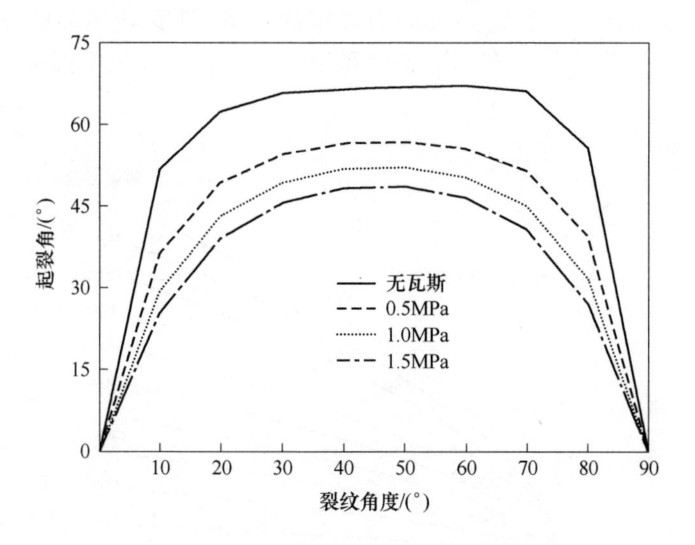

图 2-14　起裂角与瓦斯压力关系图

2.4.3　瓦斯解吸对起裂强度的影响

根据周群力压剪断裂准则，将式（2-35）、式（2-36）代入式（2-24）~式（2-26），得到考虑瓦斯解析效应条件下，裂纹尖端起裂强度，如图 2-15 所示。由图 2-15 可以看出，随赋存瓦斯压力增大，裂纹起裂强度呈降低趋势。从瓦斯赋存对裂纹尖端应力强度因子、裂纹起裂角度和裂纹起裂强度的理论分析结果可以看出，随赋存瓦斯压力的增大，裂纹尖端应力强度因子增大，起裂角度和裂纹起裂强度降低，反映出含瓦斯煤裂纹受瓦斯赋存的影响更易发生张拉破坏。

以瓦斯赋存压力 1.5MPa 和外部荷载 1.0MPa 为例，在解吸系数分别为 0、20%、40% 和 60% 条件下，计算含瓦斯煤裂纹的有效法向应力和起裂强度，如图 2-16 所示。由计算结果图可以看出，解析系数为零（即无瓦斯赋存）时，裂纹尖端有效应力明显低于起裂强度，该外部荷载无法导致裂纹起裂；随解吸系数的增大，裂纹尖端有效应力明显增大，而起裂应力降低，当解吸系数为 60% 时，裂纹倾角在 30°和 80°之间的裂纹尖端有效应力大于起裂应力，表明在相同外部荷载作用下，由于解吸程度的增加，同样可导致裂纹起裂。

由图 2-16 可以看出，无论赋存瓦斯压力的增大，还是解吸程度的增大，具体地反映在低透气煤体中孔隙内气体压力的增大，在孔隙气体压力增大的作

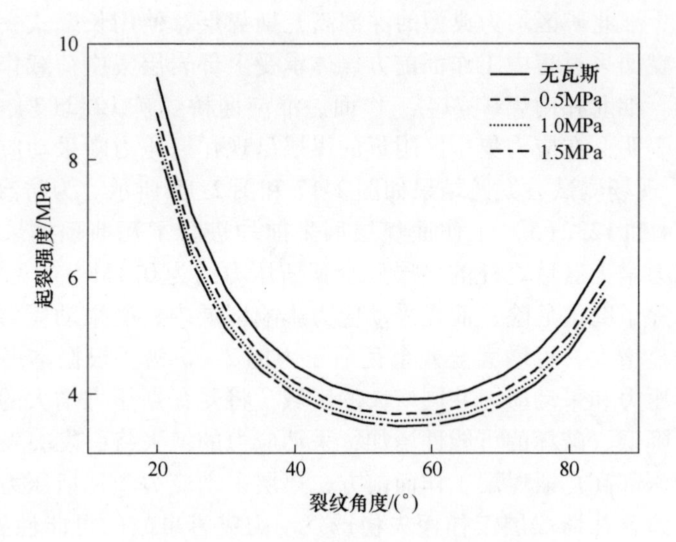

图 2-15　瓦斯压力与起裂强度关系

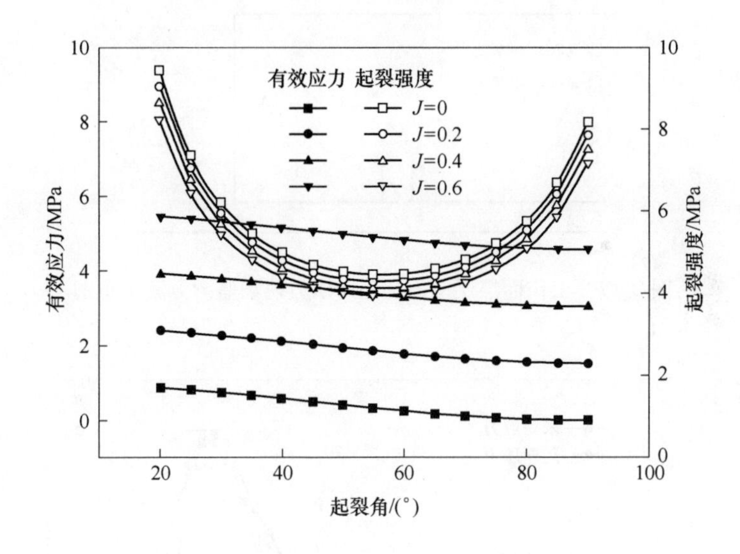

图 2-16　瓦斯解吸率－有效应力－起裂强度关系

用下，煤岩裂纹强度因子增大，导致起裂强度降低，使煤岩在更小的外荷载作用下引起裂纹扩展，进而导致整体破坏。在煤炭回采工程中，这种破坏将会产生严重的煤与瓦斯突出事故。相关研究认为，外荷载的增加将会引起吸附态瓦斯解吸程度的增加。因此，深部低透气性煤层开采过程中，在确保瓦斯压力符合安全开采要求的前提下，还要考虑开采扰动对吸附态瓦斯解吸程度的影响，尽量降低开采扰动，避免瓦斯突然解吸。

中国淮南、淮北矿区均为典型的深部高瓦斯煤层，使用长壁式一次采全高的回采方法。在回采过程中工作面前方煤体承受上部岩层集中荷载作用，引起局部应力增加。淮北祁南煤矿 714 工作面、淮南谢桥煤矿 1232(3) 工作面为例的实测数据表明，在应力集中区附近的煤层呈现瓦斯压力随采动应力增大而增大现象[16]。现场测试方案及结果如图 2-17 和图 2-18 所示。为防治煤与瓦斯动力灾害，714 和 1232(3) 工作面煤层回采前均进行了瓦斯预抽采的综合治理。在采动应力增大区域之外的煤层残余瓦斯压力约为 0.1MPa（见图 2-18），综合评价已消除了突出危险；而在采动应力影响区域内，受采动应力作用，煤层瓦斯压力明显增大，可增大至残余瓦斯压力的 2～5 倍。根据本书理论研究认为，在瓦斯压力和采动应力共同增大的区域，将受瓦斯压力增大的作用，该区域煤体强度降低、破坏的可能性增加，采动应力的增大将引发突发性灾害隐患。可见，在深部高瓦斯煤层工作面前方，煤层采动应力和瓦斯压力共同增大的现象，将导致含瓦斯煤层工作面失稳诱发动力灾害事故的可能性显著增大。

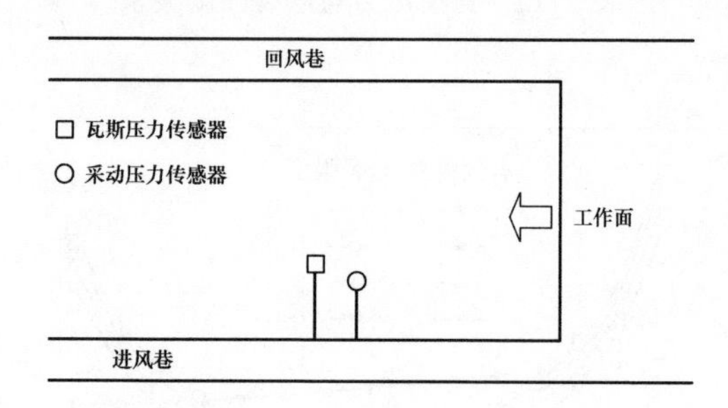

图 2-17　工作面煤层应力及瓦斯压力现场监测方案示意图

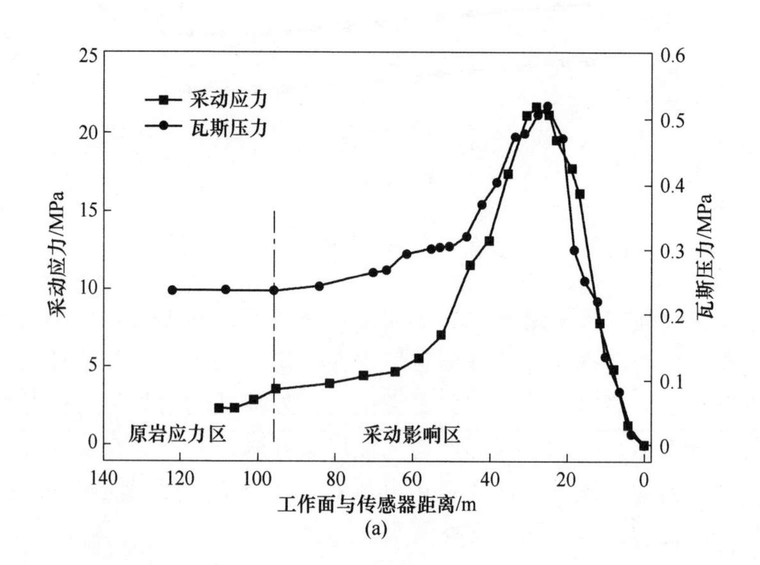

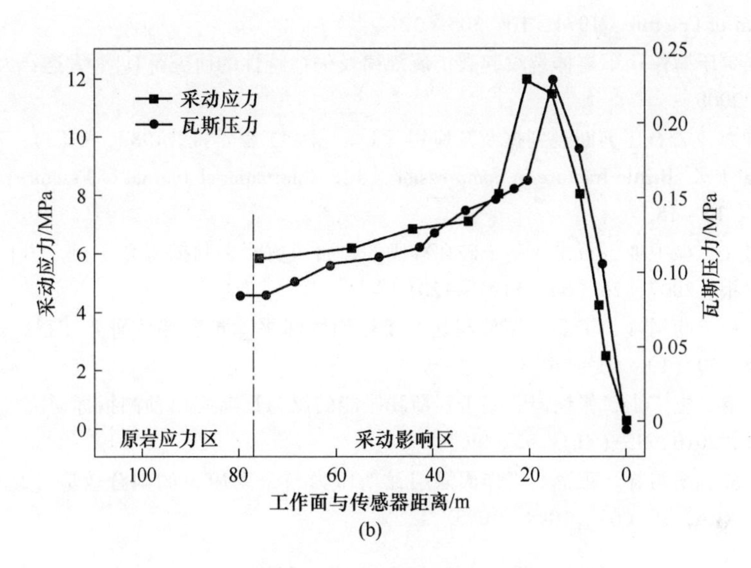

图 2-18 工作面煤层采动应力及瓦斯压力变化
(a) 714 工作面；(b) 1232(3) 工作面

因此，在已完成瓦斯预抽采治理的深部煤层，采取一定的方法降低采动应力的明显集中，避免残余瓦斯压力的显著增大，将有助于防治煤与瓦斯动力灾害事故，确保在高瓦斯和低透气性煤层工作面的安全性。

参 考 文 献

[1] 诸武扬．断裂力学基础 [M]．北京：科学出版社，1979.

[2] 黎振兹．工程断裂力学基础 [M]．长沙：中南工业大学出版社，1987.

[3] 李灏．断裂力学 [M]．济南：山东科学技术出版社，1980.

[4] 李银平，杨春和．裂纹几何特征对压剪复合断裂的影响分析 [J]．岩石力学与工程学报，2006，25 (3)：462 ~ 466.

[5] Muskhelishvili N I. Some Basic Problems of the Mathematical Theory of Elasticity [M]. Leyden: Noordhoff, 1953.

[6] 邓华锋，李建林，刘杰，等．考虑裂隙水压力的岩体压剪裂纹扩展规律研究 [J]．岩土力学，2011，32 (S1)：297 ~ 302.

[7] Erdogan F, Sih G C. On the crack extension in plates under plane loading and transverse shear [J]. Journal of Basic Engineering, 1963, 85 (4): 519 ~ 527.

[8] Hussain M A, Pu S L, Underwood J H. Strain energy release rate for a crack under combined mode I and mode Ⅱ [J]. Fracture Analysis, ASTM STP, 1974, 560: 2 ~ 28.

[9] Sih G C. Strain energy density factor applied to mixed-mode crack problems [J]. International

Journal of Fracture, 1974, 10: 305 ~ 321.

[10] 李强. 压缩作用下岩体裂纹起裂扩展规律及失稳特性的研究 [D]. 大连: 大连理工大学, 2008.

[11] 周群力. 岩石压剪断裂判据及其应用 [J]. 岩土工程学报, 1987, 9 (3): 73 ~ 78.

[12] Lajtal E Z. Brittle fracture in compression [J]. International Journal of Fracture, 1977, 10 (4): 12 ~ 15.

[13] 周家文, 徐卫亚, 石崇. 基于破坏准则的岩石压剪断裂判据研究 [J]. 岩石力学与工程学报, 2007, 26 (6): 1194 ~ 1201.

[14] 谢广祥, 胡祖祥, 王磊. 深部高瓦斯工作面煤体采动扩容特性研究 [J]. 煤炭学报, 2014, 39 (1): 91 ~ 96.

[15] 魏风清, 史广山, 张铁岗. 基于瓦斯膨胀能的煤与瓦斯突出预测指标研究 [J]. 煤炭学报, 2010, 35 (S1): 95 ~ 99.

[16] 谢广祥, 胡祖祥, 王磊. 工作面煤层瓦斯压力与采动应力的耦合效应 [J]. 煤炭学报, 2014, 39 (6): 1089 ~ 1093.

3　含瓦斯煤静态及动态实验系统研制

在理论分析的基础上，开展瓦斯环境作用下的煤体物理力学特性的相关研究，可为揭示煤与瓦斯动力灾害过程中煤与瓦斯互馈作用机理提供重要的实验依据。开展相关实验研究的前提是实验装置必须具有能进行不同受力状态、不同瓦斯压力条件下开展煤岩固－气耦合力学实验的条件。在现有实验设备的基础上，针对深部含瓦斯煤层气－静－动耦合的特殊受力状态，分别研制了含瓦斯煤静载和动载试验系统。为了深入研究含瓦斯煤静、动态力学特性，在宏观力学试验的基础上，还需要开展相应的细观力学监测，目前用于细观试验的CT[1]和SEM[2]设备对实验环境和过程要求较为苛刻，实现煤岩瓦斯环境的固－气耦合细观力学实验难度非常大。随着数字化图像处理技术以及相关识别技术和计算机技术的发展的兴起，数字散斑图像技术作为非接触光学测量手段被广泛应用于实验力学领域测量变形信息[3,4]，散斑技术具有全场测量、高敏感度、非接触、可采用白光源、不需光线干涉条纹处理等明显优势，在实验力学领域备受青睐。在传统含瓦斯煤加载密封装置基础上，增加透明的玻璃视窗，借助数字散斑相关方法，开展煤体材料静态加载下试样表面位移变化测量研究，从而实现在细观尺度下的煤岩力学特性研究。

本章主要进行了以下三方面的工作：(1) 带视窗的含瓦斯煤静态加载瓦斯密封装置的研制，包括设备研究思路，装置的主要技术指标及特点，细观监测实验的技术、方案及实验步骤；(2) 基于数字散斑图像处理技术的煤样细观分析方法，介绍数字散斑相关测量方法的原理，以及数字散斑相关测量搜索方法，并阐述如何利用插值方法重建连续图像以获得亚像素精度上的位移和应变值，为进而定量得到试样表面位移场及应变场奠定基础；(3) 基于动静组合力学实验系统的基础上，研制了含瓦斯煤动载力学实验系统，该实验系统可实现含瓦斯煤在不同静态荷载作用下的中高应变率的动态力学特性测试。

3.1　含瓦斯煤静态细观力学实验系统

3.1.1　含瓦斯煤静态实验装置技术方案

含瓦斯煤体细观力学实验系统包括应力加载装置、瓦斯气体供给装置、光学变形测量装置、数据采集装置四个装置[5]。加载装置该试验系统能够进行不同应力状态，不同瓦斯压力作用下的煤岩细观力学试验；瓦斯气体供给装置在试验过程中，保持加载装置内的瓦斯压力稳定，是使煤样充分吸附瓦斯后进行细观力学试验的前提。同时在实验过程中，通过光学变形测量装置，采用数字散斑光学变形监测方法，获得含瓦斯煤试样受力过程中表面裂纹变化的实时图像，经数字图像处理，得到试样加载过程表面变形特征；并通过数据采集装置，使用应变监测（高速静态应变仪）和声发射监测两种手段，获得含瓦斯煤试样受力过程中体积变形特性和试样内部结构的损伤演化过程的声发射特征。实验系统示意图如图 3-1 所示。

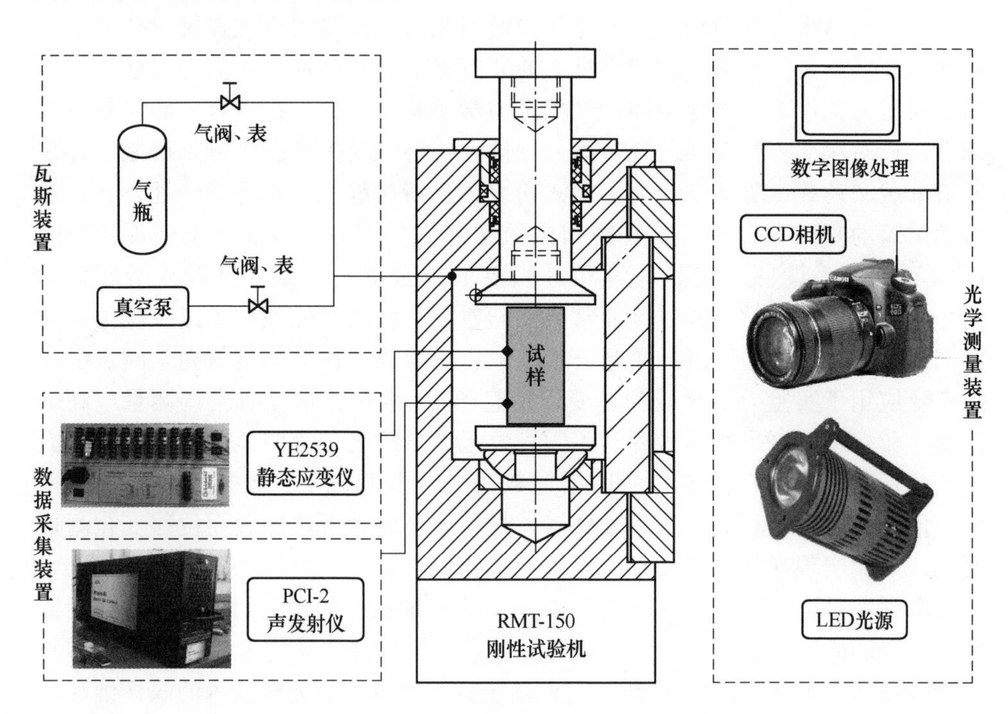

图 3-1　含瓦斯煤静态细观力学试验系统结构

（1）加载装置。主要包括刚性岩石试验机和瓦斯气体密封罐。刚性岩石试验机采用 RMT150 岩石力学试验机，具有加载方式多样、测试精度高、性能稳定等优点。瓦斯气体密封罐放于岩石刚性试验机的加载平台上，试验机的压头与瓦斯气体密封罐的活塞压力杆相连接，为瓦斯气体密封罐提供加载载荷。瓦斯气体密封罐主要由密封罐体、观测视窗、活塞压力杆、测线螺栓、进气螺栓、万向活动垫块构成，实物如图 3-2 所示。

（2）瓦斯气体供给装置。充瓦斯装置通过气管与瓦斯气体密封罐的气孔相连。瓦斯气体供给装置包括真空泵、保护容器、缓冲容器、三轴压力室、气源

图 3-2 煤岩气－固耦合细观力学加载装置

阀、真空泵压力表、输入压力表、输出压力表、输入阀、抽气阀、输出阀、减压阀、电磁控制阀、输出调节阀、输出压力变送器。通过高压管线将个设备连接。具体的各部件连接情况如图 3-3 所示。

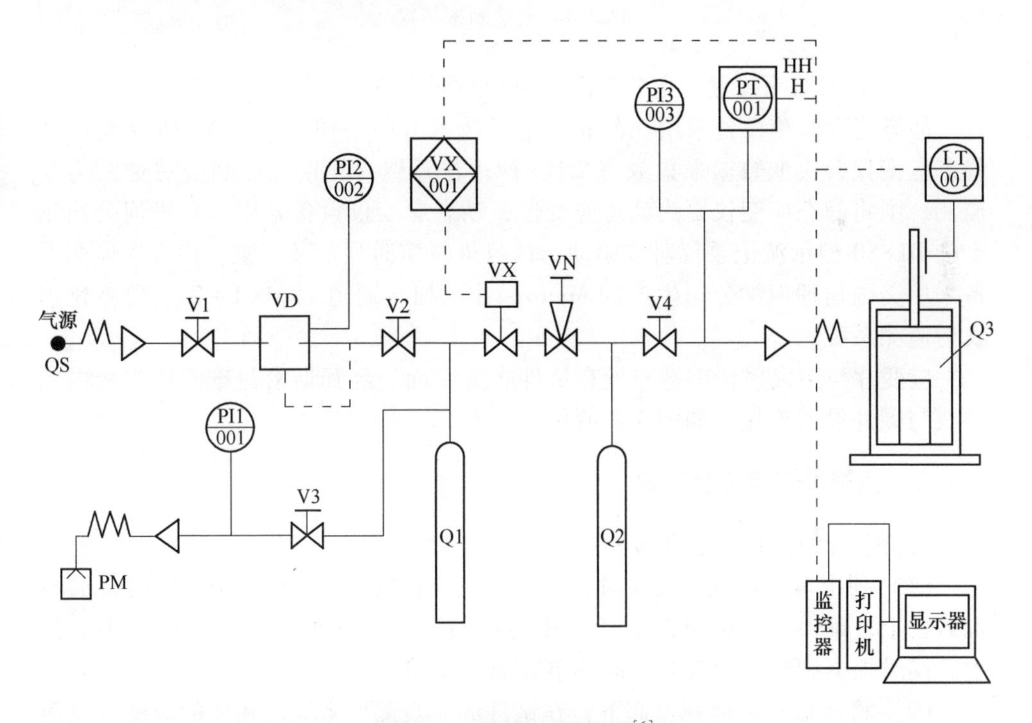

图 3-3 瓦斯装置系统图[6]

PM—真空泵；Q1—保护容器；Q2—缓冲容器；Q3—三轴压力室；V1—气源阀；PI1001—真空泵压力表；PI2002—输入压力表；PI3003—输出压力表；V2—输入阀；V3—抽气阀；V4—输出阀；VD—减压阀；VX—电磁控制阀；VN—输出调节阀；PT001—输出压力变送器

（3）光学变形测量装置。主要由高强度 LED 光源、三向移动固定架、CCD 摄像机和计算机分析软件四部分组成（见图 3-1），测试现场如图 3-4 所示。计算机分析软件为自主研发的数字散斑相关（DSCM）计算程序，计算原理及功能在 3.2 节进行详细介绍。

图 3-4　光学测试装置

（4）数据监测装置。主要有静态应变监测设备和声发射监测设备构成。

静态应变监测设备采用江苏联能电子技术有限公司生产的 YE2539 型高速静态应变仪，应变数据采集频率 2 次/秒；若开展含瓦斯煤岩断裂特性的力学监测，则将静态应变仪更为动态应变仪，动态应变仪设备采用日本横河公司生产的 DL850 型示波记录仪对实验动态信号进行实时显示及记录；声发射监测设备采用美国物理声学公司生产的 Micro – Ⅱ系列 6 通道/卡 PCI – 2 全数字化声发射监测系统。

应变片与声发射传感器布设在试件非观测面，经瓦斯密封罐测线螺栓内的导线与罐外设备连接，如图 3-5 所示。

3.1.2　实验操作方法及步骤

实验系统的操作方法和步骤如下：

（1）利用本装置进行实验时，先将加载装置放置于 RMT – 150 刚性试验机加载台上，确保瓦斯密封罐的活塞压力杆与试验机的加载头处于同一中心线上，同时根据细观光学观测方向调整玻璃视窗朝向。

（2）将压盖和玻璃视窗卸下，在试件的非观测面上固定相应的应变片及声发射传感器，并连接相应的数据测量导线，调整瓦斯密封罐万向活动垫块，使其端面与水平面平行，试件放置在瓦斯密封罐万向活动垫块后，再将玻璃视窗固定安装，并密封紧固。

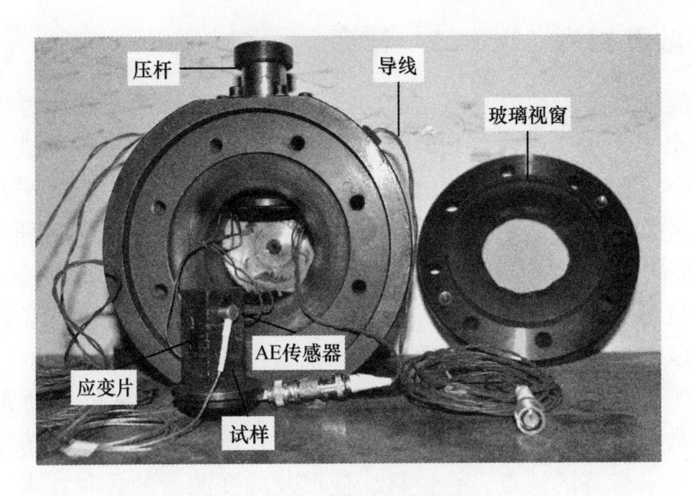

图 3-5　数据监测装置

(3) 开启真空泵及真空控制阀（此时瓦斯控制阀和减压阀处于关闭状态），对瓦斯密封仓进行抽真空，待达到一定真空度后（0.01MPa），关闭真空泵和真空控制阀。

(4) 开启瓦斯控制阀和减压阀（此时真空控制阀处于关闭状态），向瓦斯密封仓内冲入瓦斯，达到预设的实验压力后，使压力稳定并保持一定时间(24h)，确保煤样充分吸附瓦斯。

(5) 将光学观测装置于玻璃视窗前侧，调整各设备参数及位置，以达到最佳的观测效果，准备进行光学测量。

(6) 开启刚性试验机和数据、光学测量装置，开始施加载荷。通过刚性岩石试验机记录轴向应力和应变；应变仪记录试样轴向和横向应变、声发射监测仪记录试样内部声发射信号；光学观测系统记录试样不同加载时刻的细观图像。

(7) 加载结束后，关闭刚性压力试验机及各监测设备，释放瓦斯密封仓内的瓦斯气体，待高压气体释放完毕后，打开玻璃视窗，取出实验加载试样，清扫瓦斯密封仓，准备第二组实验加载试样，重复开始步骤（2）。

(8) 试验完成后，整理获取的压力机应力 - 应变、数字图像、静态应变仪轴（横）向应变和声发射数据，以便进一步深入分析。

本节内容介绍了含瓦斯煤岩静载细观力学实验系统，该系统包括应力加载装置、瓦斯气体供给装置、光学变形测量装置、数据采集装置四个装置，能够进行不同瓦斯压力作用下的含瓦斯煤岩受载过程的细观力学试验。同时，采用光学变形观测、声发射监测、电测法试样变形监测三种手段，获得试样表面位移场的实时图像、试样内部结构的损伤演化过程的声发射特征以及试样应变特性。

3.2 数字散斑相关（DSCM）计算

对于开展细观实验研究而言，如何将试样在载荷作用下破坏过程的应力场直观地表现出来，从变形（应变）场演化的角度研究岩石试件的破坏规律仍然是该领域一个具有重要意义的课题。同时试样的裂纹尖端扩展属于高速（微秒级）微破坏（微米级）的演化过程。因此仅有实验设备并不能得到研究对象的具体量化细观特性，还需要对所得力学响应过程图像信息进行高精度的量化处理[7]。

数字散斑相关方法（DSCM）技术是在 20 世纪 80 年代初随着数字化图像处理技术以及相关识别技术、光电技术、视频技术和计算机技术的发展而兴起的一种新型测量方法，是一种测量面内位移和变形的计算机辅助光学测量方法，是现代数字图像处理技术与光学测量相结合的产物，克服了传统光测方法对测量环境要求较高的缺点。在位移、变形及应变测量的各种技术中，光测力学以其非接触、全场测量、无附加质量、速度快和灵敏度高等优点，长期以来为人们所重视，并被广泛应用于航空、航天、材料科学、生物科学及微电子机械系统等众多领域[8]。该方法是利用物体表面自然或人工形成的随机斑点，包括物理的表面微观结构和光学的表面散斑场，作为信息载体，它们在物体变形过程中发生相应的变化，包含了变形过程的大量信息。数字散斑相关方法是一种从物体表面的随机分布的斑点或伪随机分布的人工散斑场中直接提取变形信息的全场、非接触的光测方法。由于其信息载体——散斑场具有随机性，容易获取，因此对测量环境的要求也低。同时利用现代数学方法进行像素匹配和搜索，可具有较高的测量精度[9]。同时，该方法是通过比较变形前后物体表面的两幅数字图像直接获取位移和应变信息，为全场非接触的实时测量方法，且其设备简单，易于实现测量过程的自动化或半自动化。近年来高速摄像技术的快速发展，使其在高速动态测量领域得以广泛地发展[10]。其方法主要为针对高速摄像系统所采集到瞬间多幅散斑图像，对其图像间的相关计算处理和结果的迭加等处理来实现动态过程测量。

3.2.1 散斑制作技术

数字散斑相关方法（DSCM）是对试样表面变形前后的两张图像进行匹配处理，进而获得试样表面变形场的测量方法。应用 DSCM 技术的前提是被测物体表面存在随机分布黑白相间的斑点。这种斑点可以是试样表面特殊纹理或是对试样表面喷漆人工斑化以及激光斑化形成。本书采用试样表面喷漆人工斑化的方法制作散斑图片。使用黑色和白色两种亚光漆，反复均匀喷到试样表面，以得到质量较高的散斑图像。一般而言，斑点尺寸越小，亮度反差越大的散斑图像越有利于得到更高精度的相关计算结果。图 3-6 所示为典型的数字散斑图。

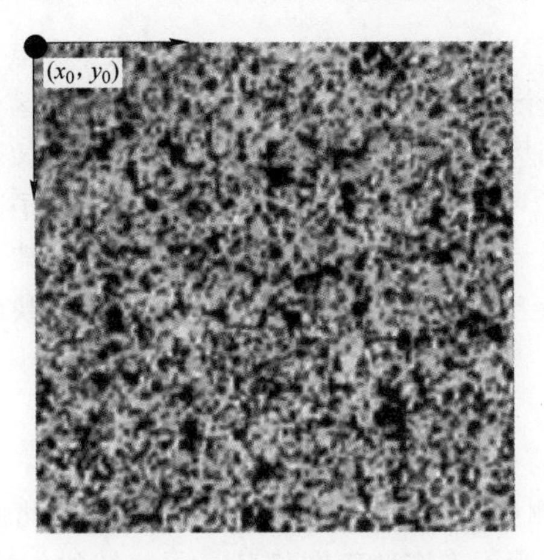

图 3-6 典型的数字散斑图[7]

3.2.2 相关计算基本原理

当光线照射到物体表面产生漫反射，其反射光线彼此相互干涉，将在物体表面前方观测点处形成无数随机分布的斑点，这种由光线相互干涉产生的亮点和暗点被称之为散斑。当物体由于受外力作用而变形或与观测点发生相对位移运动时，这些随机分布的散斑也将按一定规律随之产生运动。因此，散斑的变化规律记录和承载了物体变形或相对运动的相关信息。数字散斑相关算法就是针对前后的散斑图像进行分析，确定物体的变形或位移测量。在实验过程中，需要采集物体发生变化前后的两幅灰度散斑图，将这两幅图像分别表示为 $f(x, y)$ 和 $g(x, y)$，如图 3-7 所示。

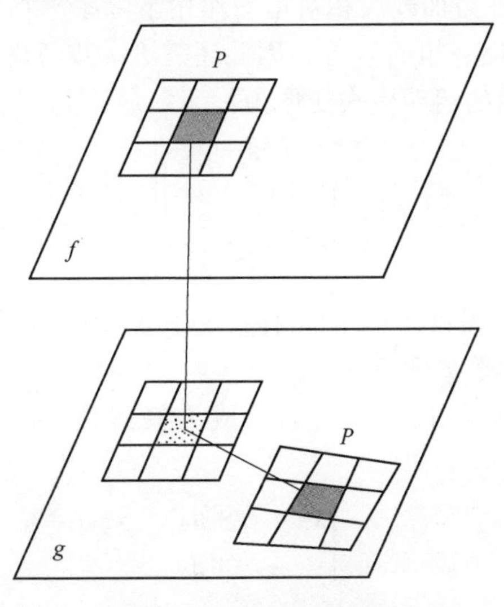

图 3-7 散斑的运动和变形

由于斑点的分布具有随机性和均匀性，当对某一个点进行测量时，必须考虑以该点为中心的一个小区域，这样的小区域被称为子区，如图 3-7 中的 P 区域。数字散斑相关方法的基本思想就是：在变形前的图像 $f(x, y)$ 中以所要计算的点 P 为中心选取一个子区（一般为矩形），利用该子区域所携带的灰度信息，在变形后图像 $g(x, y)$ 中寻找与其信息相对应的某个子区，进而得出该子区域位置及形状的变化情况，这些变化情况，直接反映出物体在 P 点上的位移及应变量。

3.2.3 运动表征

DSCM 散斑图像测量中以平面方式获得散斑场，因此仅考虑物体表面变化情况[11]。运动表征是为了确定散斑图像某一子区域的位移函数 $\boldsymbol{u}$，$\boldsymbol{v}$，以下分析采用向量函数表示。假设图像中某子区域内的 $M \times N$ 个像素的运动模式都相同且仅发生刚体平移，并忽略物体发生离面位移，故可以采用相同的表达式和运动参数。

其运动模式可用下式表达：

$$\begin{bmatrix} u \\ v \end{bmatrix} = \begin{bmatrix} u_0 \\ v_0 \end{bmatrix} \tag{3-1}$$

式中，u_0，v_0 为区域基准点的位移。

理论上认为该模型区域基准点可以任意选取某一点，但为方便认识及计算一般取子区的中心点。

式（3-1）中有两个未知数。

由于物体表面在外力加载或相对运动作用下除了平移之外，还有可能会发生转动、变形（如伸缩、扭曲）等，因此还需进一步考虑位移的导数项。

式（3-1）所表达的运动模式变形为：

$$\begin{bmatrix} u \\ v \end{bmatrix} = \begin{bmatrix} u_0 \\ v_0 \end{bmatrix} + \left.\begin{pmatrix} \dfrac{\partial u}{\partial x} & \dfrac{\partial u}{\partial x} \\ \dfrac{\partial v}{\partial x} & \dfrac{\partial v}{\partial x} \end{pmatrix}\right|_{\substack{X=0 \\ Y=0}} \begin{bmatrix} \Delta x \\ \Delta y \end{bmatrix} \tag{3-2}$$

式中，u_0，v_0 为子区域基准点 x_0 的位移；Δx，Δy 为点 x 与基准点的坐标差。

式（3-2）中未知数扩展至 6 个。

如图 3-8 所示，微线段 $\overline{PQ}$ 变形后成为微线段 $\overline{pq}$。变形前 P 点坐标为 (x_p, y_p)，Q 点的坐标为：

$$\begin{cases} x_Q = x_p + \mathrm{d}x \\ y_Q = y_p + \mathrm{d}y \end{cases} \tag{3-3}$$

变形后 P 的坐标为：

$$\begin{cases} x'_p = x_p + u \\ y'_p = y_p + v \end{cases} \tag{3-4}$$

则运动变形后 q 的坐标为：

$$\begin{cases} x'_q = x'_p + \mathrm{d}x' = x_p + \mathrm{d}x + u + \dfrac{\partial u}{\partial x}\mathrm{d}x + \dfrac{\partial u}{\partial y}\mathrm{d}y = x_Q + u + \dfrac{\partial u}{\partial x}\mathrm{d}x + \dfrac{\partial u}{\partial y}\mathrm{d}y \\ y'_q = x'_p + \mathrm{d}y' = y_p + \mathrm{d}y + v + \dfrac{\partial v}{\partial x}\mathrm{d}x + \dfrac{\partial v}{\partial y}\mathrm{d}y = y_Q + v + \dfrac{\partial v}{\partial x}\mathrm{d}x + \dfrac{\partial v}{\partial y}\mathrm{d}y \end{cases} \tag{3-5}$$

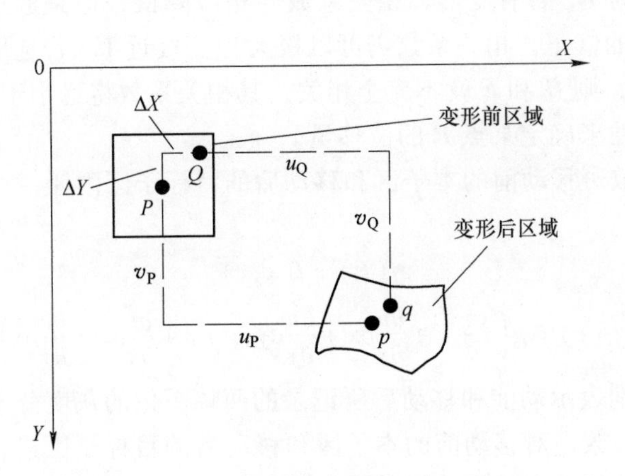

图 3-8　子区变形前和变形后的集合形状

在计算过程中由于偏导数项在量级上比位移项的数值小得多，因此在实际DSCM 运算中只需求解出像素点的位移项，即可满足实验精度需要，得到试样表面位移场，根据位移与应变的关系进而求解出对应的应变场。

由于假设物体变形为平面变形，忽略物体的离面变形，因此微线段 $\overline{PQ}$ 和微线段 $\overline{pq}$ 的长度为：

$$|PQ| = \sqrt{\mathrm{d}x^2 + \mathrm{d}y^2} \tag{3-6}$$

$$|pq| = \sqrt{[\mathrm{d}x + u(Q) - u]^2 + [\mathrm{d}y + v(Q) - v]^2} \tag{3-7}$$

假设微线段 $\overline{PQ}$ 为沿 X 轴方向分布，及 $\mathrm{d}y = 0$，结合以上公式则，X 轴方向应变 ε_x 为：

$$\varepsilon_x = \frac{|pq| - |PQ|}{|PQ|} \approx \frac{\partial u}{\partial x} + \frac{1}{2}\left[\left(\frac{\partial u}{\partial x}\right)^2 + \left(\frac{\partial v}{\partial x}\right)^2\right] \tag{3-8}$$

同理 Y 轴方向应变 ε_y 及剪应变 ε_{xy} 为：

$$\varepsilon_y \approx \frac{\partial v}{\partial y} + \frac{1}{2}\left[\left(\frac{\partial u}{\partial y}\right)^2 + \left(\frac{\partial v}{\partial y}\right)^2\right]$$

$$\varepsilon_{xy} \approx \frac{1}{2}\left(\frac{\partial u}{\partial x} + \frac{\partial v}{\partial y}\right) + \frac{1}{2}\left(\frac{\partial u}{\partial x}\frac{\partial u}{\partial y} + \frac{\partial v}{\partial x}\frac{\partial v}{\partial y}\right) \tag{3-9}$$

3.2.4 相关系数表达式的确定

以图 3-7 为例，相关计算时选取以 P 为中一矩形区域 F 内的 $M \times N$ 个像素，表示为 $f(x, y)$，则 $f(x, y)$ 就记录了 F 点周围随机分布的散斑灰度值信息，由统计学定义为二维样本空间。物体移动后，原来子区 F 的斑点就位于子区 G 处相应位置，即一个新的样本空间。概率与统计上认为样本空间完全相关时，相关系数为 1。若有变形，相关系数会相应降低，但是通过位移导数项对子区 G 尺寸上的修正，相关系数仍可以极大程度接近 1。若选取一个非相应位置处得子区 G'，则 G' 和 F 就不完全相关，其相关系数将远小于 1。因此可由两个子区的相关性来确定某点 P 的位移量。

物体表面散斑移动前的本子区和移动后的目标子区内任一点 P 的灰度假设分别表示为：

$$f(P) = f(x, y)$$

$$g(p) = g\left(x + u + \frac{\partial u}{\partial x}\mathrm{d}x + \frac{\partial u}{\partial y}\mathrm{d}y, y + v + \frac{\partial v}{\partial x}dx + \frac{\partial v}{\partial y}\mathrm{d}y\right) \tag{3-10}$$

式中，f，g 分别表示动前和移动后所记录的两幅图像的灰度分布。

利用相关系数，对移动前的本子区和移动后的目标子区进行匹配处理，这一匹配准则的性能就直接影响到数字散斑图像相关方法的精度和收敛速度。本书采用交叉互相关系数[12]开展数字图像的相关计算：

$$C(u, v) = \frac{\sum_{y=1}^{y=n}\sum_{x=1}^{x=m} f(P) \cdot g(p)}{\sqrt{\sum_{y=1}^{y=n}\sum_{x=1}^{x=m} f^2(P) \cdot \sum_{y=1}^{y=n}\sum_{x=1}^{x=m} g^2(p)}} \tag{3-11}$$

式中，$\sum f(P) \cdot g(p)$ 为协相关函数；$\sum f^2(P)$ 和 $\sum g^2(p)$ 为自相关函数。

通过改变参数 u、v、$\frac{\partial u}{\partial x}$、$\frac{\partial u}{\partial y}$、$\frac{\partial v}{\partial x}$和$\frac{\partial v}{\partial y}$进行搜寻相似子区的位置，并进行计算相关系数 C，当 C 取得最大值时，u、v、$\frac{\partial u}{\partial x}$、$\frac{\partial u}{\partial y}$、$\frac{\partial v}{\partial x}$和$\frac{\partial v}{\partial y}$就是子区中心点 P 的位移。

为了对交叉相关公式进行计算精度分析，一般有以下 4 个指标，如图 3-9 所示：C_m 为相关最大值；C_{sec} 为次高峰相关系数值；W_{50} 为主高峰在相关系数 $C = 0.5C_m$ 处的宽度。

通常在搜索过程中会给出一个阈值以保证搜索到最大值。如果 C_{sec} 值越小，则越容易确定相关系数最大值 C_m，而一个稳定的 C_{sec} 值，则更有利于确定阈值。W_{50} 代表最大值的宽度，宽度越小则越有利于提高搜索精度和速度。

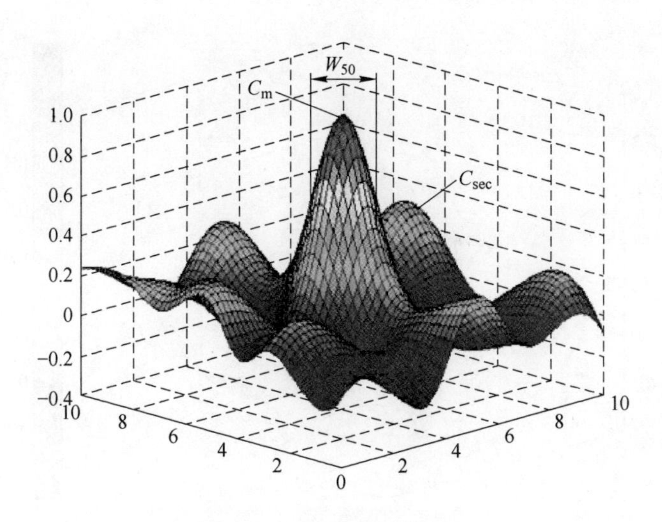

图 3-9 相关系数的表示

3.2.5 图像匹配搜索方法

在 DSCM 中，相关系数反映出两幅图像样本子区的相似程度，通过计算相关系数的最大值，提取图像像素点的位移量。当相关系数为最大值时，则认为假定的图像像素点位移分量与实际的变形位移分量相同。相关系数的计算就是在目标子区域与样本子区域之间进行试凑位移及其导数级的搜索过程。相关算法的选择不仅关系计算的速度，而且会影响计算结果的精度。因此，选择适当的相关计算方法，在满足计算要求的前提下，如何减小计算量以及如何提高计算精度是近年来的研究方向。

研究中为增加计算效率，选用粗细搜索方法的计算原理进行图像搜索处理。针对高速相机拍摄的散斑图形，在整像素搜索范围内相关系数如图 3-10 所示。图 3-11 所示为亚像素级别搜索结果。

从图 3-10 中可见，整像素级搜索的相关系数出现一个主高峰及多个次高峰，但最大值 C_m 不足 0.8，无法达到数字散斑相关计算的精度要求。造成相关系数最大值较低的原因是高速摄像是以牺牲图像分辨率，而获得更高拍摄速度造成的。因此计算若要得到更高精度级别的位移变形量，则需要在亚像素级别上再进行细搜索计算，即在粗搜索得到的（u, v）基础上再加上亚像素位移。针对图 3-10 中相关系数最大值附近 3×3 像素的范围，进行亚像素搜索其相关系数（见图 3-11）。此时 C_m 达到 0.9755，此时 C_m 对应的（u, v）值，为更精确的位移量。故按此方法计算，在细搜索过程中，必须采用适当的插值公式对所得图像灰度级进行插值。

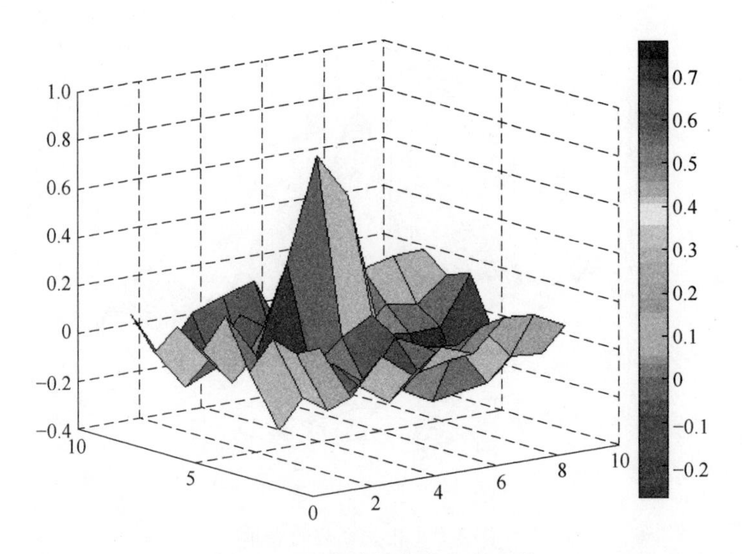

图 3-10 整像素搜索的相关系数

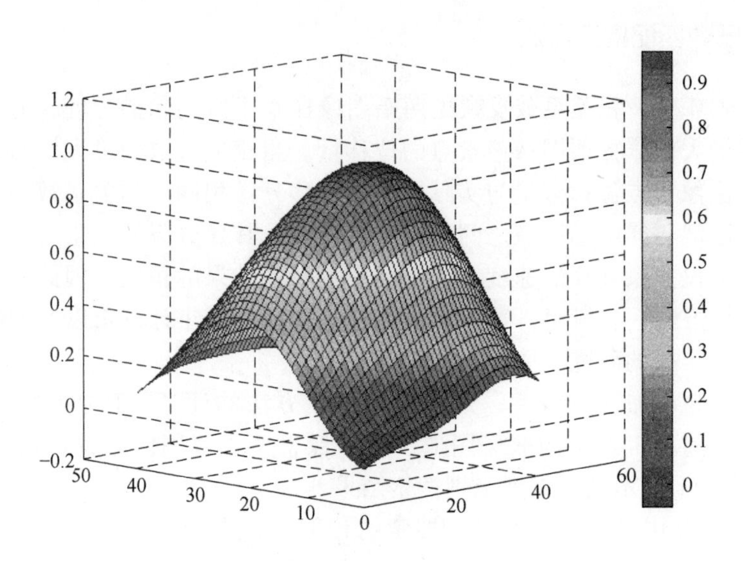

图 3-11 亚像素搜索的相关系数

3.2.6 图像亚像素重构插值方法

由图 3-10 和图 3-11 可见，变形后原来位于整像素的图像有可能移动到像素中间位置，为进一步提高测量精度，需要进行亚像素尺度范围内的搜索。在相关运算过程中，需要对原像素的灰度值进行插值运算，得到亚像素的灰度值，再进行亚像素搜索。利用插值的方法得到亚像素级别的连续图像的过程称为图像亚像素重构。

在数字散斑图像相关方法中常用的插值方法有双线性插值、双三次样条插值、分形插值及曲面拟合法。一般而言，双线性插值简单实用，计算速度快，但是高阶插值法可以减小插值计算带来的系统误差。例如，双三次样条插值的精度比双线性插值方法更高阶。但高阶插值需消耗更多时间计算。因此选择插值方法时要综合考虑计算结果所需要的精度和插值消耗的时间。在此简单介绍两种常用的插值方法：双线性插值和双三次样条插值。

双三次样条插值函数的定义如下：假设在 xy 平面的矩形区域 $R:[a,b]\otimes[c,d]$ 上给定一个矩形网格分割 $\Delta=\Delta_x\otimes\Delta_y$：

$$\Delta_x: a=x_0<x_1<\cdots<x_m=b$$
$$\Delta_y: a=y_0<y_1<\cdots<y_n=d$$

凡在 R 上满足下述条件（1），（2）的函数 $S(x, y)$ 称为双三次样条函数。

（1）在每个子矩形 Ri_j：$[x_i,x_{i+1}]\otimes[y_j,y_{j+1}]$，（$i=0, 1, \cdots, m-1$；$j=0, 1, \cdots, n-1$），上 $S(x, y)$ 关于 x 和 y 都是阶数不超过三次的多项式函数，即：

$$S(x,y)=\sum_{\alpha,\beta=0}^{3}\gamma_{\alpha\beta}^{ij}(x-x_i)^{\alpha}(y-y_j)^{\beta} \tag{3-12}$$

（2）在整数 R 上，函数 $S(x, y)$ 的偏导数 $\frac{\partial^{(\alpha+\beta)}S(x, y)}{\partial x^{\alpha}\partial y^{\beta}}$，（$\alpha, \beta=0, 1, 2$）是连续函数。

若双三次样条函数还满足（3）：

（3）$S(x_i,y_j)=S_{ij}$（$i=0, 1, \cdots, m$；$j=0, 1, \cdots, n$），这里 S_{ij} 是在插值点上的已知函数值，则 $S(x, y)$ 称为双三次样条插值函数。

以上分析可知，双三次样条函数共有独立的参数个数：

$$N=(n+3)(m+3) \tag{3-13}$$

由于已知在 $(n+1)\times(m+1)$ 个点上的函数值，即像素的灰度值，为了解出 N 个独立参数，还需要附加 $2\times(m+n+4)$ 个边界条件。若采用自然边界条件为：

$$\begin{cases}\dfrac{\partial^2 S(x_i,y_j)}{\partial x^2}=0 \quad (i=0,m;\ j=0,1,\cdots,n)\\ \dfrac{\partial^2 S(x_i,y_j)}{\partial y^2}=0 \quad (i=0,1,\cdots,m;\ j=0,n)\\ \dfrac{\partial^4 S(x_i,y_j)}{\partial x^2\partial y^2}=0 \quad (i=0,m;\ j=0,n)\end{cases} \tag{3-14}$$

其差值效果可利用 peaks 函数生成一个 7×7 的低分辨率矩阵，如图 3-12（a）

所示。利用双三次样条插值方法对其进行 4 倍插值，结果如图 3-12（b）所示。

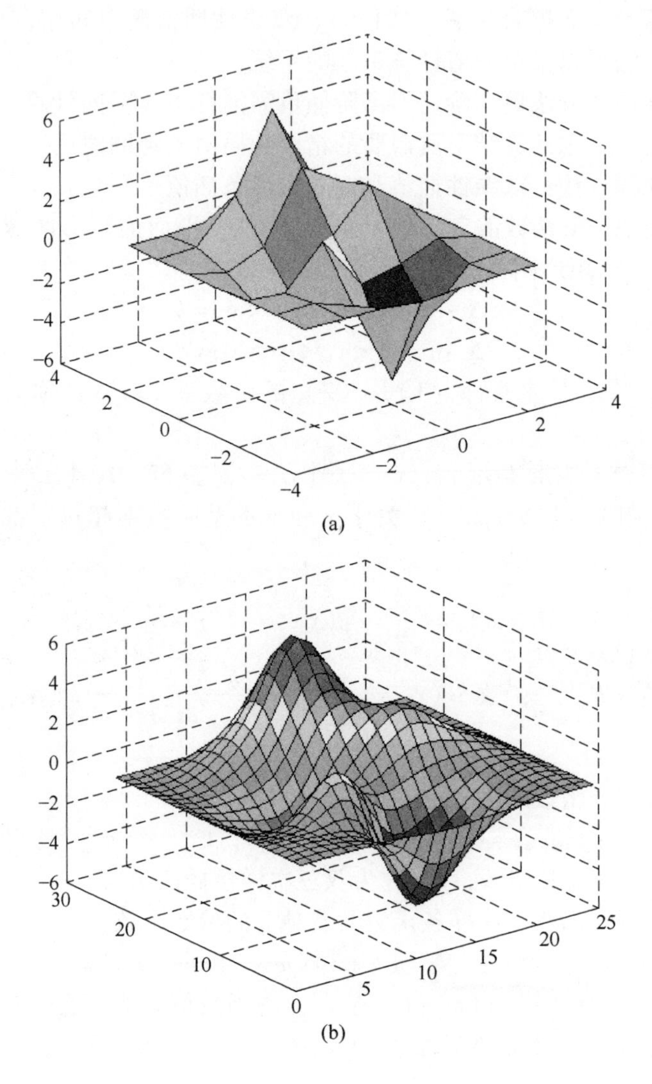

图 3-12 双三次样条插值效果图

（a）低分辨率的原始图形；（b）采用双三次样条插值方法得到的图形

由图 3-12 的插值效果可以看出，利用双三次样条插值所得到的曲面更为光滑，明显具有连续变化的曲率。相关研究表明，相关系数分布一般假设为某种曲面形式，若获得明显曲面的插值效果，则在相关系数的统计计算过程中，一定程度上可以抑制系统噪声。因此高精度曲面形式的亚像素重建为数字散斑图像相关计算精度提供保证。

本书中选用 Matlab7.0 编写 DSCM 计算程序。相关系数选用式（3-10）的交叉互相关系数函数，以粗细搜索方法原理，加以双三次样条函数插值，以整像素搜索所得相关系数最大值 C_m 的 (u, v) 为中心，在 3×3 像素的范围内进行亚像素搜索，搜索精度为 0.01 像素。

本节根据含瓦斯煤岩细观力学实验系统的特点，基于数字散斑相关方法，提出试样数字散斑图像处理的步骤和方法，建立相关试样表面变形细观图像处理计算程序。该方法采用双三次样条函数插值，实现了数字图像的亚像素搜索，保证了数据处理精度；并实现了粗细搜索方法，提高了含瓦斯煤细观力学实验中图像处理的效率，简化了计算过程，获得了高质量的图像处理结果。

3.3 含瓦斯煤动态力学实验系统

在针对深部矿井动力灾害（如岩爆）的研究中，中南大学李夕兵教授研制了一种中高应变率下岩石动静组合力学实验系统，并开展了大量的实验研究[13]。本书为测试含瓦斯煤在中－高应变率下的力学性能，首先要实现含瓦斯煤岩动态力学实验中瓦斯与煤气固耦合的赋存状态，借鉴含瓦斯煤静态力学实验系统的瓦斯密封装置，对岩石动静组合力学实验系统进一步改进，在此设备基础上开发了一套新的气－静－动耦合力学实验系统。新开发的含气煤检测系统由动静组合加载设备、气体密封装置和供气装置组成，如图 3-13 所示。

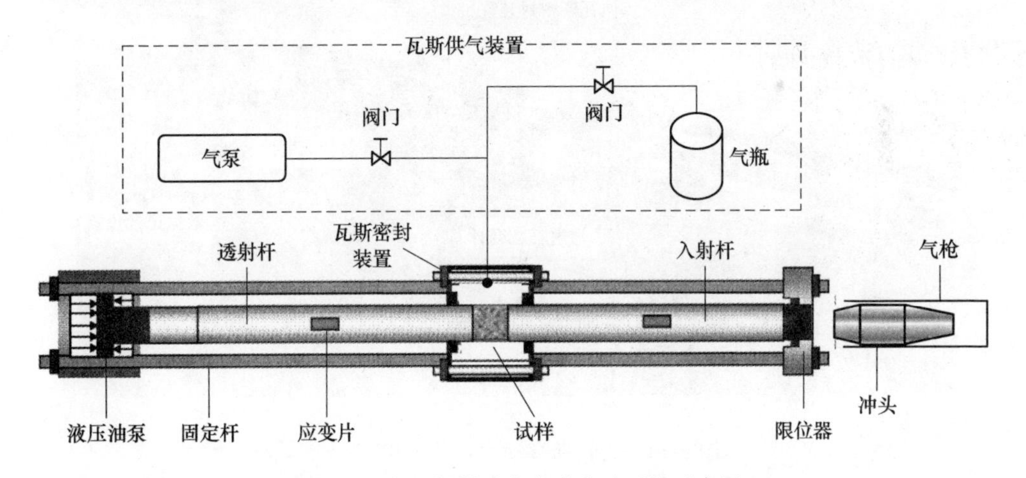

图 3-13 含瓦斯煤动态力学实验系统示意图

3.3.1 含瓦斯煤动态实验系统技术方案

本书中含瓦斯煤气－静－动耦合加载实验系统由动－静载加载装置、供气装置、瓦斯密封装置、动态测试装置组成。

（1）动－静载加载装置。因实验所用含瓦斯煤岩冲击加载实验系统是由现有岩石动静组合力学实验系统的改进而成，如图 3-14 所示。设备有应力波传播杆件、动载荷加载机构和轴向静载加载机构组成。应力波传播杆直径 50mm，分别为入射杆（长度 2000mm）和透射杆（长度 1500mm），采用 40Cr 合金钢制成，其基本力学参数：密度为 7.81g/cm^3，弹性模量为 210GPa，弹性波速为 5410m/s。试样布置在入射杆和透射杆之间。动载荷加载结构由双端锥形冲头和高压气枪组成。冲头材料与应力波传播杆相同，直径也是 50mm。当高压气枪推动冲头以一定的速度冲击碰撞应力波入射杆时，将产生一个半正弦应力加载波，以此对试样施加动态加载，在一维应力传播的条件下，应力波从入射杆向试样和透射杆方向传播，当应力波与试样接触后，分别在入射杆和透射杆中产生反射应力波和透射应力波，实验过程中通过对入射杆和透射杆中的入射加载波、反射应力波和透射应力波进行测量，并根据一维应力波理论计算试样的动态力学特性。另外，可用激光波束速度测量冲头撞击速度。轴向静载加载机构由固定杆框架结构、限位端头、油压装置组成，利用手动油压泵实现轴向静压加载（加载范围 0～200MPa）。

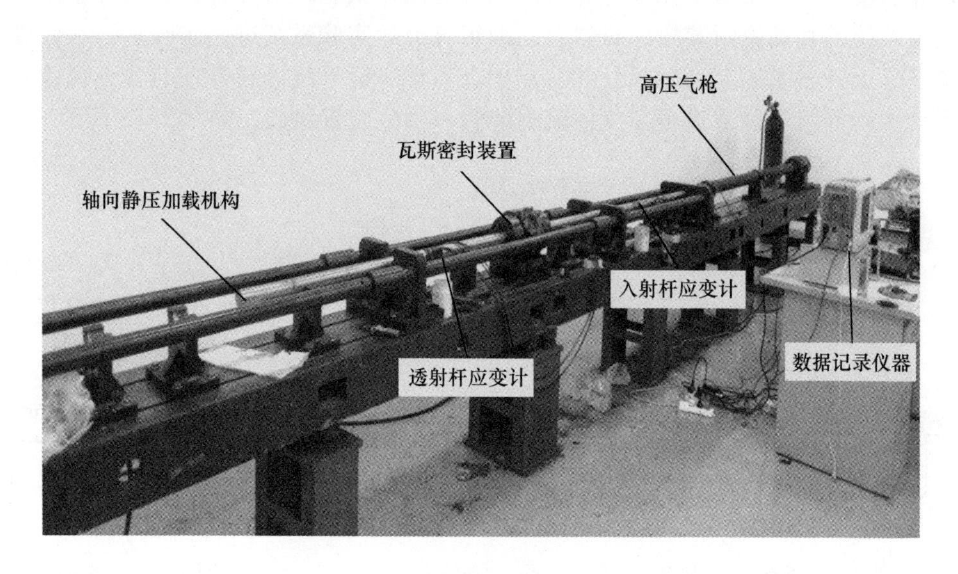

图 3-14 含瓦斯煤动力扰动 SHPB 装置

（2）供气装置。含瓦斯煤动态力学实验系统的供气装置与含瓦斯煤静载力学实验系统的供气装置（见图 3-3）相同，此次不再做重复介绍。

（3）瓦斯密封装置。瓦斯密封装置主要由瓦斯密封仓、可拆卸密封仓盖、瓦斯气橡胶密封圈、密封塞组成，如图 3-15 和图 3-16 所示。

在应力波传播杆轴线方向上，密封仓端头布置两个与弹性压杆同轴的圆形

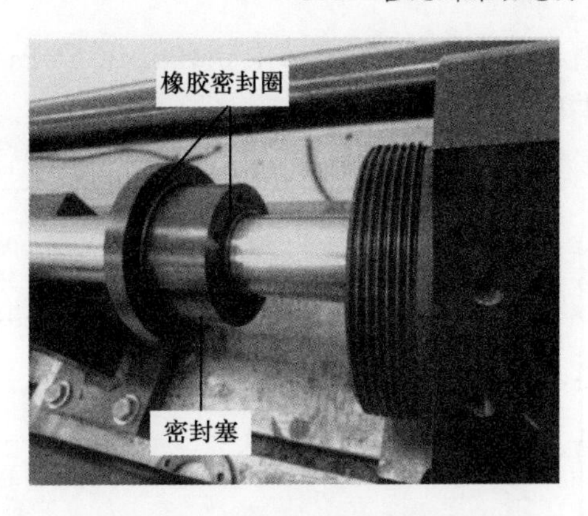

图 3-15 弹性杆端头密封结构

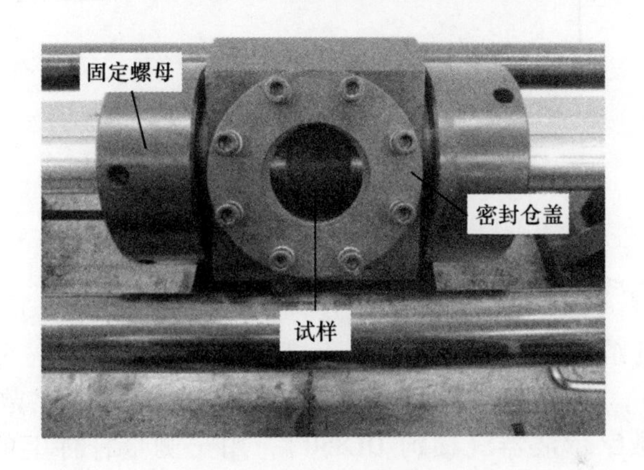

图 3-16 瓦斯密封装置

中心孔（见图 3-15），以便应力波传播杆（入射杆和透射杆）进入瓦斯密封仓内；在弹性压杆上插入装有配套轴用 YX 密封圈的密封塞（见图 3-15），当入射杆与透射杆端头分别进入端头中心孔后，密封塞与密封仓体由固定螺母固定连接，实现冲击加载方向的气体密封（见图 3-16）；在密封仓与应力波传播杆垂直方向上设置可拆卸密封仓盖，用于安装试样，盖上内侧有配套密封圈的仓盖，并由均匀分布在密封仓盖上的螺栓与仓体固定（见图 3-16），密封仓盖可选择玻璃和金属两种材料，若进行低气压实验并希望得到动态加载过程试样的变形情况，可选择玻璃密封仓盖，配合高速摄像仪可实现相关研究。在密封仓体布置进气孔，并通过气管与供气系统连接，实现气体的加载。

在冲击实验前，为保证煤样处于饱和吸附状态，需确保在室温下 24h 内密封仓内处于理想的稳定气体状态。通过供气装置的压力传感器，考察了不同气体压力下的气密性，如图 3-17 所示，在气体刚冲入密封仓时，气体压力随密封时间增加而减小，这是由于部分气体吸附在试样孔隙表面所致，约 5h 后，气体压力达到稳定值（分别为0.5MPa、1.0MPa、1.5MPa），说明该气体密封装置能够为测试提供良好的气体密封。

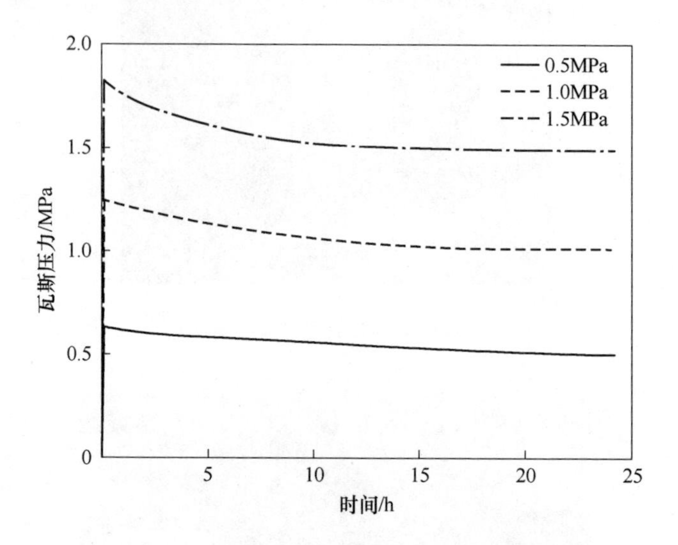

图3-17　冲击加载前瓦斯应力－时间曲线

（4）动态测试装置。动态测试装置包括应变片、超动态应变仪、示波器、激光束速度测量系统四个部分。在入射杆和透射杆中间部位分别粘贴应变片（BX120－2AA），通过惠特斯通电桥和超动态应变仪（北戴河电子仪器厂CS－1D）连接数字示波器（横河DL850），用于测量杆件上的应力波，如图3-18所示。

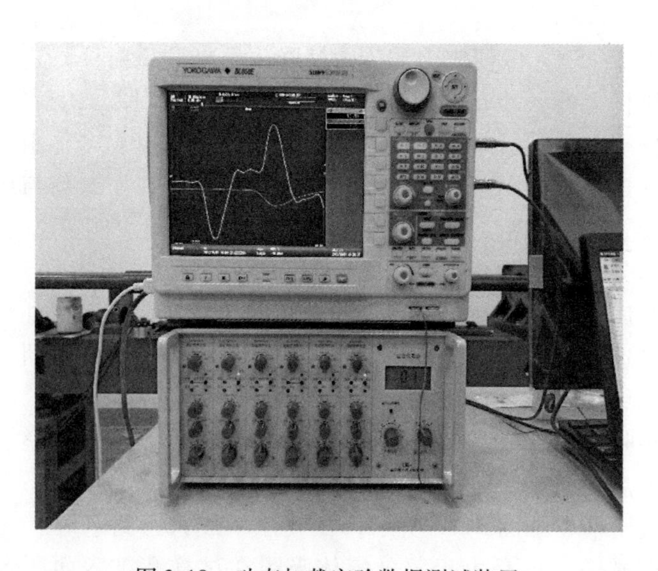

图3-18　动态加载实验数据测试装置

3.3.2 含瓦斯煤动态力学实验步骤

含瓦斯煤动态力学实验系统操作方法与步骤如下：

(1) 将瓦斯密封装置放置在冲击实验平台，调节支座下部的平衡调节螺母，使入射杆和密封仓端头孔轴向同轴。

(2) 入（透）射杆连接端头及配套密封圈放置在瓦斯密封仓连接入（透）射杆中心孔处；入（透）射杆端头穿过橡胶密封圈及橡胶密封圈配套密封塞(见图3-16)，与瓦斯密封仓透射杆中心孔对齐后，用密封仓固定螺母将穿有入（透）射杆的密封塞、入（透）射杆端头与瓦斯密封仓透射杆中心孔螺栓固定。

(3) 煤岩试件放置在瓦斯密封仓内，并将煤样端面与入（透）射杆端面接触并使圆柱形煤岩试样直径轴线与入（透）射杆轴线重合对齐。

(4) 用密封仓固定螺母将穿有透射杆的密封塞、入射杆端头与瓦斯密封仓入射杆中心孔螺栓固定。

(5) 安装试样，关闭瓦斯密封仓密封盖，并用螺栓固定于仓体，同时通过固定螺栓将密封仓支座与SHPB装置实验台固定，以保证实验过程中瓦斯密封仓位置固定。

(6) 连接瓦斯密封仓与瓦斯供气装置。

(7) 打开出气阀和真空泵，使密封仓内煤岩试样处于真空状态，关闭出气阀和真空泵。

(8) 打开进气调节阀和气瓶至预设瓦斯压力，使瓦斯密封装置内试样与充入瓦斯气体充分接触使煤样处于富含瓦斯状态。

(9) 打开数据采集系统，用于采集入射杆和透射杆中的应力波信号。

(10) 关闭进气阀维持实验瓦斯压力，发射锥形冲头，采集的脉冲信号经数据信号处理，得到动态应力－应变曲线。

本章内容介绍了含瓦斯煤岩动态力学实验系统，该系统包括动－静载加载装置、供气装置、瓦斯密封装置、动态测试装置等四个装置，能够进行不同瓦斯压力、不同静态荷载作用下的含瓦斯煤岩动态力学实验，并具有良好的气密性，可用于模拟深部高瓦斯煤层开挖扰动煤体气－静－动耦合的特殊力学状态，使含瓦斯煤岩力学特性的实验研究环境更加接近现场实际。

参 考 文 献

[1] 任建喜，葛修润，蒲毅彬，等. 岩石破坏全过程的CT细观损伤演化机理动态分析

[J]. 西安公路交通大学学报, 2000, 20 (2): 12 ~ 16.

[2] 谢卫红, 高峰, 谢和平. 细观尺度下岩石热变形破坏的实验研究 [J]. 实验力学, 2005, 20 (4): 628 ~ 634.

[3] 戴福隆. 现代光测力学 [M]. 北京: 科学出版社, 1990.

[4] Zhang Q B, Zhao J. Quasi - static and dynamic fracture behaviour of rock materials: phenomena and mechanisms [J]. International Journal of Fracture, 2014, 189 (1): 1 ~ 32.

[5] Xie G, Yin Z, Wang L, et al. Effects of gas pressure on the failure characteristics of coal [J]. Rock Mech Rock Eng, 2017, 50 (7): 1711 ~ 1723.

[6] 王磊. 应力场和瓦斯场采动耦合效应研究 [D]. 淮南: 安徽理工大学, 2010.

[7] Shen B, Paulino G H. Direct extraction of cohesive fracture properties from digital image correlation: a hybrid inverse technique [J]. Experimental Mechanics, 2011, 51 (5): 143 ~ 163.

[8] 金观昌, 孟利波, 陈俊达, 等. 数字散斑相关技术进展及应用 [J]. 实验力学, 2002, 21 (6): 689 ~ 702.

[9] 马少鹏, 金观昌, 徐秉业. 数字散斑相关方法亚像素求解的一种混合方法 [J]. 光学技术, 2005, 31 (6): 871 ~ 877.

[10] Zhang Q B, Zhao J. A review of dynamic experimental techniques and mechanical behaviour of rock materials [J]. Rock Mechanics and Rock Engineering, 2013, 47 (4): 1411 ~ 1478.

[11] 金观昌. 计算机辅助光学测量 [M]. 北京: 清华大学出版社, 2007: 146.

[12] Choi S, Shah SP. Measurement of deformations on concrete subjected to compression using image correlation [J]. Experimental Mechanics, 1997, 37 (3): 307 ~ 313.

[13] 殷志强. 高应力储能岩体动力扰动破裂特征研究 [D]. 长沙: 中南大学, 2011.

4 含瓦斯煤静态细观力学实验研究

基于断裂力学理论分析和静态加载细观力学实验方法，从瓦斯压力和载荷耦合作用下的含瓦斯煤岩体变化着手，研究细观尺度下含瓦斯煤体结构变化规律，揭示含瓦斯煤岩体在静态加载条件下的细观损伤、破坏机理，将为含瓦斯煤岩体的失稳破坏等相关问题的研究给予更合理的实验分析。本章基于含瓦斯煤静态细观力学实验系统，分别开展了含瓦斯煤岩的三种静态加载力学实验分别为：单轴压缩、巴西劈裂、缺口的半圆三点弯。实验过程中利用数字散斑技术、应变片以及声发射等测试方法，得到含瓦斯煤静态抗压强度、静态抗拉强度及Ⅰ型裂纹断裂特性。

4.1 含瓦斯煤静态加载实验设备与方法

4.1.1 含瓦斯煤静态加载实验装置

实验设备采用自行研制的含瓦斯煤岩细观力学实验系统，如图 4-1 所示。加载系统采用 RMT150 岩石力学试验机；声发射监测装置利用美国物理声学公司生产的 DISP 系列 2 通道/卡 PCI－2 全数字化声发射监测系统，关于实验系统的具体介绍见本书第 3 章。

图 4-1 含瓦斯煤岩静态细观力学实验系统

4.1.2 静态实验试样加工制备

采用含瓦斯煤气固耦合试验系统，开展不同初始瓦斯压力含瓦斯煤单轴抗压、抗拉、断裂韧度等力学特性试验研究，同时，为满足光学显微镜观察及工作的要求，本章煤岩试样加工为长方体试样、圆柱体试样及半圆盘试样三种试样形式，如图 4-2 所示。

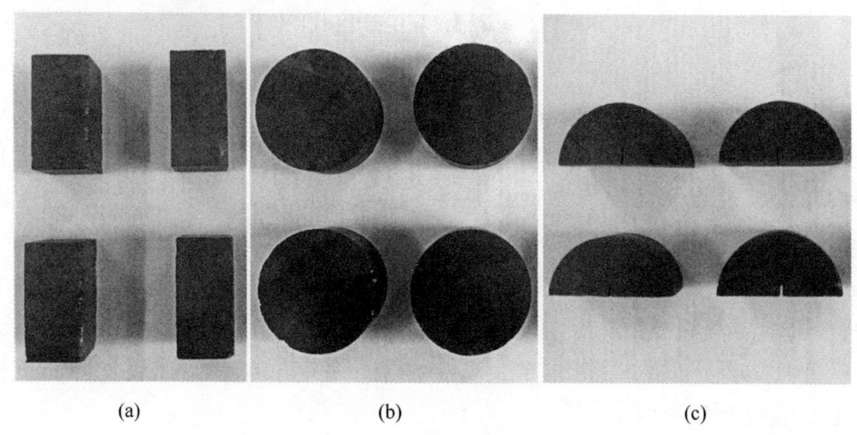

图 4-2 细观力学试验煤样
（a）单轴压缩试件；（b）巴西劈裂试件；（c）三点弯曲试样

实验所用煤岩体取自淮南矿区谢桥矿 -780m 开采水平的 11426 工作面大块煤。相关研究认为煤岩体具有典型的层理面方向效应，因此在采用岩石钻孔机取芯时，根据煤和岩石物理力学性质测定方法，按轴向与层理面方向垂直的规则对原状块煤钻芯，为达到实验所要求的试样形状及表面平整度，在试样制备中采用了手工切割、研磨、抛光、切缝等一系列的措施。另外，所有选取煤样尽可能地克服肉眼可见的结构不均匀性及缺陷，使其离散性尽量降低。

本章试验主要采用含瓦斯煤岩细观力学实验系统进行，煤试样的加载通过加载系统进行，实时变形观测通过以 CCD 相机和 DSCM 图像处理软件为主的细观观测系统进行。根据实验设备及观测条件的要求确定试样的尺寸及形状，最终确定单轴抗压实验原煤试件尺寸为 25mm × 25mm × 50mm；巴西劈裂抗拉实验原煤试样尺寸为 ϕ50mm × 25mm；三点弯曲断裂韧度实验原煤试样尺寸为 ϕ50mm 的半圆盘，中心切缝长 6mm、宽不大于 1mm，平均厚度 20mm。

4.1.3 静态实验数据处理方法

采用自行研制的实验系统开展含瓦斯状态单轴压缩、巴西劈裂及三点弯曲下的煤岩细观力学实验，针对每种实验各进行瓦斯压力为无瓦斯、0.5MPa、1.0MPa、1.5MPa共4种不同瓦斯赋存条件，每种条件下各进行5个试样。实验过程中利用静态、动态应变仪记录试样应变及裂纹扩展监测；同时利用动态细观观测系统记录试件的细观图像，并采用专业软件进行图像处理、分析，得到煤体细观结构演化信息。实验的具体操作步骤以及图像分析方法在第3章中做了详细论述，本章不再重复。

4.2 含瓦斯煤单轴抗压特性

对于每个试样，按如图3-5所示在试样表面粘贴应变片、声发射传感器，在实验过程记录轴向（径向）应力－应变、声发射、试样表面散斑数字图像，分别从应力应变、表面变形、声发射以及碎块分形四方面进行相关讨论。

4.2.1 单轴应力应变特性

通过计算测得的实验数据，整理得到的含瓦斯煤在不同瓦斯压力条件下的全应力－应变曲线如图4-3所示。图中$\sigma-\varepsilon$表示应力－轴向应变曲线，$\sigma-\varepsilon_1$表示应力－径向应变曲线。各物理量的计算方法如下。

轴向应力σ为：

$$\sigma=\frac{P}{A} \tag{4-1}$$

式中，P为试件所受载荷；A为试件横截面面积。

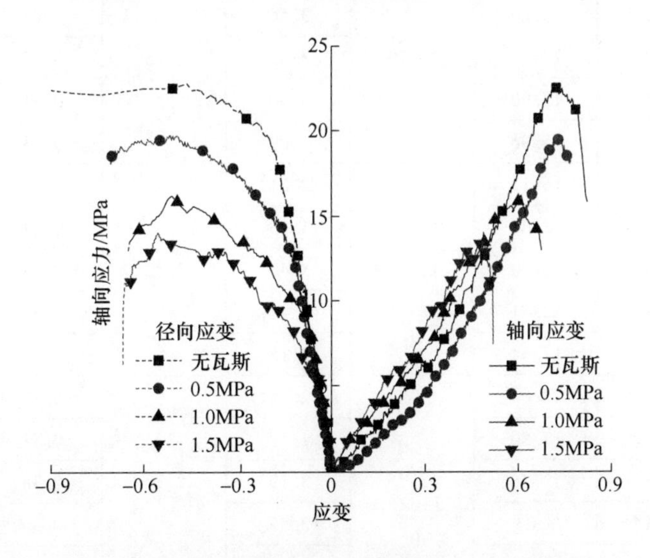

图4-3 不同瓦斯压力下含瓦斯煤应力－应变曲线

轴向应变 ε 为（试件轴向受压时取正值）：

$$\varepsilon = -\frac{\Delta h}{h_0} = -\frac{h - h_0}{h_0} \tag{4-2}$$

式中，Δh 为试件轴向变形量；h_0 为试件初始高度；h 为试件受力后高度。

径向应变 ε_t 为（试件横向膨胀时取负值）：

$$\varepsilon_t = \frac{\Delta d}{d_0} = \frac{d - d_0}{d_0} \tag{4-3}$$

式中，Δd 为试件横向变形量；d_0 为试件初始直径；d 为试件受力后直径。

根据所得应力－应变曲线的弹性段，相应计算得出各试样的弹性模量 E、泊松比 ν，见表4-1。由实验结果可以看出，每个煤样实验所得力学参数具有较明显的离散性，表明煤样的非均质特性，但从每组煤样的实验结果的平均值统计分析，反映出瓦斯压力的存在对煤样力学特性具有明显的影响作用。

表 4-1　不同瓦斯压力下试样静载单轴抗压强度、弹性模量及泊松比

试样编号		单轴抗压强度/MPa	抗压强度平均值/MPa	弹性模量/GPa	弹模平均值/GPa	泊松比	泊松比平均值
无瓦斯	1	22.79	23.54	4.10	4.05	0.22	0.24
	2	24.66		4.43		0.25	
	3	20.51		3.45		0.21	
	4	27.85		3.89		0.24	
	5	21.88		4.37		0.26	
0.5MPa	1	19.73	19.70	3.83	3.48	0.20	0.25
	2	23.20		3.56		0.25	
	3	20.68		3.02		0.27	
	4	18.90		3.90		0.31	
	5	15.96		3.09		0.23	
1.0MPa	1	16.12	15.71	2.81	2.82	0.23	0.28
	2	12.61		3.25		0.27	
	3	13.40		3.42		0.28	
	4	18.81		2.47		0.32	
	5	17.64		2.15		0.29	
1.5MPa	1	14.04	13.75	2.75	2.72	0.37	0.35
	2	17.80		2.17		0.32	
	3	12.26		3.19		0.38	
	4	9.03		2.55		0.35	
	5	15.62		2.94		0.32	

随瓦斯压力由0MPa增加至1.5MPa的过程中，平均抗压强度由23.54MPa逐渐降低至13.75MPa，抗压强度降低约42%；平均弹性模量由4.05GPa逐渐降低至2.72GPa；平均泊松比由0.24逐渐升高至0.35。而前期研究报道表明，在试件上施加约束压力通常会使试样的强度更高[1,2]，这与含瓦斯煤试样的试验结果不同。在本实验中，当含瓦斯煤达到饱和吸附状态时，煤内部存在两种状态的瓦斯气体，即吸附态和自由态。自由态气体所提供的孔隙内的气体压力等于瓦斯气体封装置内的外部气体压力。而且随着初始外部气体压力的增大，煤内部的更多气体转化为吸附态。一旦含气煤在加载后发生变形，被吸收状态的气体就会迅速转化为自由气体。需要注意的是，煤内的游离气体不能及时向外扩散。因此，在试样变形过程中，较高的初始瓦斯压力会导致煤内部吸附更多的瓦斯气体，且更多的变成自由气体，从而增加内部压力，内压增大导致含瓦斯煤抗压强度降低。本实验结果与Ranjith的实验结果一致[3]，同时也验证了含瓦斯煤裂纹起裂强度的理论分析结果，含瓦斯煤准静态单轴抗压强度随初始瓦斯压力的增大而减小。

因此，瓦斯压力对含瓦斯煤的强度有明显的降低作用，这也清楚的验证以往研究中，瓦斯的弱化效应，以及吸附在煤样裂隙表面的瓦斯，在裂隙变化过程中的解吸作用降低了煤的表面自由能，同时降低其断裂能量。

4.2.2 体积变形特性

体积应力-应变曲线反映了岩石类材料在单轴压缩作用下，其体积由压缩到膨胀的逐渐转变过程，其由压缩到膨胀转变的扩容现象被认为是岩石类材料脆性破坏的关键表征[4]。相关研究认为[5]，试样体积的变化反映试样内部裂隙的微观演化，应变的正值代表裂隙压缩闭合，应变的负值代表裂隙张开扩展。

假设实验过程中各试样弹性模量E、泊松比ν为定值，则试样加载过程总体积应变ε_v、弹性体积应变ε_{ve}、裂隙体积应变ε_{vc}分别如下表示：

$$\varepsilon_v = \varepsilon + 2\varepsilon_t \tag{4-4}$$

$$\varepsilon_{ve} = \sigma(1-2\nu)/E \tag{4-5}$$

$$\varepsilon_{vc} = \varepsilon_v - \varepsilon_{ve} \tag{4-6}$$

由式（4-4）~式（4-6）对实验所得应力应变曲线进行分析计算，得到不同瓦斯压力状态下的煤样总体积应变和相应的裂隙体积应变，如图4-4所示。

由图4-4可见，受轴向应力的作用，煤样总体积应变均呈现先压缩后膨胀的现象，定义在体积变化由压缩向膨胀转变的拐点为扩容点，其相对应的轴向应力为扩容起始应力σ_{cd}。由裂隙体积应变曲线可以看出，随轴向应力的增加，煤样裂隙体积呈现先压缩闭合（Ⅰ）—线弹性（Ⅱ）—稳定扩展（Ⅲ）—非稳定扩展（Ⅳ）的变化趋势，其裂纹由线弹性向稳定扩展转变时所对应的轴向应力

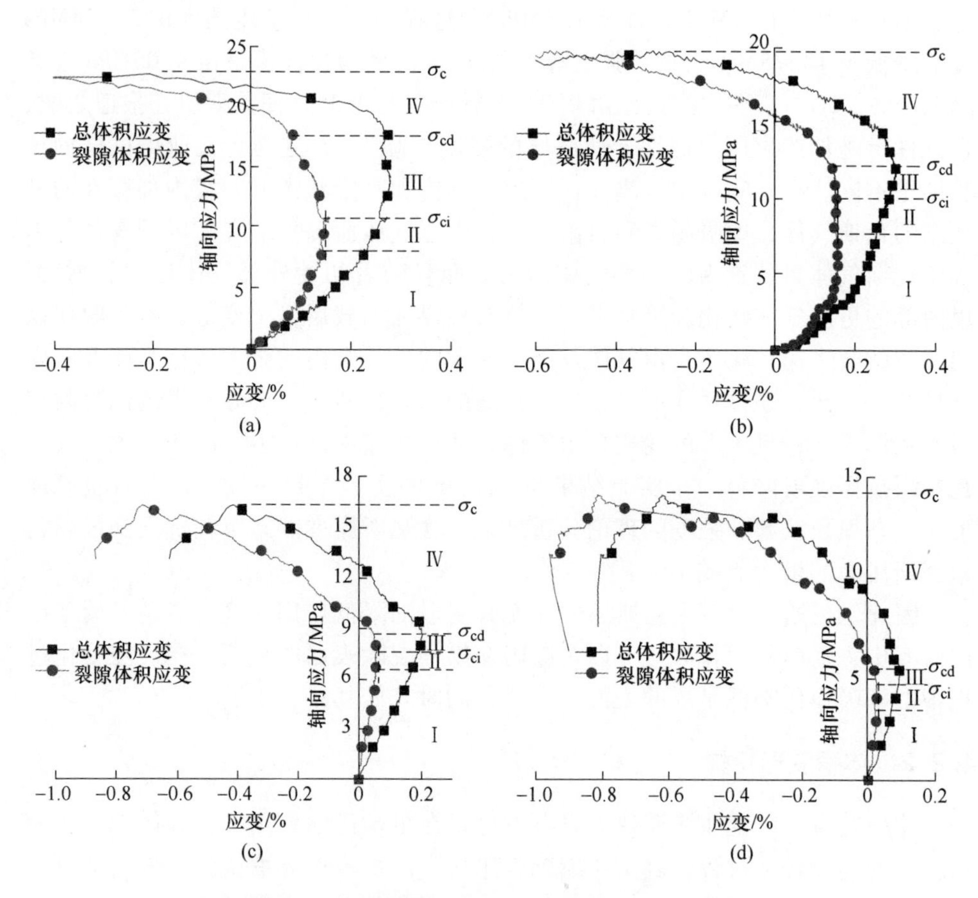

图 4-4 不同瓦斯压力下含瓦斯煤体积应变曲线

(a) 0MPa; (b) 0.5MPa; (c) 1.0MPa; (d) 1.5MPa

被认为是裂纹起裂应力 σ_{ci}；当裂纹进入非稳定扩展阶段将引起试样发生明显扩容，其相应轴向应力认为裂纹非稳定扩展应力（扩容起始应力）σ_{cd}。统计各瓦斯压力下煤样体积应变曲线中的裂纹起裂应力 σ_{ci}、扩容起始应力 σ_{cd}、峰值应力 σ_c，见表 4-2。

表 4-2 不同瓦斯压力下试样峰值应力、扩容起始应力及裂纹起裂应力

试 样	峰值应力/MPa	扩容起始应力/MPa	裂纹起裂应力/MPa	扩容应力/峰值应力/%	裂纹起裂应力/峰值应力/%	裂纹稳定扩展段应力差值/MPa
无瓦斯	22.79	17.72	10.93	77.78	47.96	6.79
0.5MPa	19.73	12.03	9.96	60.95	50.48	2.07
1.0MPa	16.12	8.62	7.53	53.48	46.71	1.09
1.5MPa	14.04	5.59	4.73	39.79	33.69	0.86

由表4-2可以看出，随试样瓦斯压力的增大，裂纹起裂应力由10.93MPa逐渐降低至4.73MPa；同时在加载过程中裂纹稳定扩展段的应力增值也相应地由6.79MPa减少至0.86MPa，表明含瓦斯煤内部瓦斯压力的增大，降低起裂应力的同时，在更低的应力差作用下，即可导致煤样内部裂纹从起裂到非稳定扩展的转变，进一步验证了瓦斯对煤样受载破裂过程的加剧作用。

4.2.3 声发射特性

岩石在外力或内力作用下，造成岩石发生一定的损伤，在此过程中，岩石内部将发生孔隙的坍塌及裂纹的闭合或扩展，伴随这些动作的发生，岩石应变能将以弹性波的形式释放出来，发出声波（次声波、声波、超声波）的现象，被称为声发射（AE）现象。一般认为，在岩石中位错将产生微水平的声发射信号；而晶体颗粒界面的移动、裂缝的产生和扩展将产生宏观水平的声发射。

本节利用声发射监测设备开展不同瓦斯压力状态，含瓦斯煤加载破坏过程声发射特性研究，其实验过程中所监测的累计声发射能量与试样轴向应力的变化变化曲线如图4-5所示。由声发射实验结果可看出，随轴向应力的增加，试样的声发射能量值逐渐增大，当临界轴向应力峰值强度时，各试样均出现明显的声发射能量急剧增加的现象；比较不同瓦斯压力的条件下，声发射能量信号有明显的区别，随瓦斯压力的增加，试样在加载过程中释放明显声发射信号的应力值逐渐降低，定义声发射能量信号呈现初步增加时的应力为裂纹起裂应力σ_{ci}，声发射信号呈现明显增加时的应力为裂纹非稳定扩展应力（扩容应力）σ_{cd}。

分析实验结果所得到试样轴向加载过程，试样破坏相关应力值见表4-3。可以看出随瓦斯压力的增大，试样裂纹起裂应力与裂纹非稳定扩展应力均呈现逐渐降低的趋势，与4.2.2节由试样裂纹体积应变曲线所的规律类似，如图4-6所示；其裂纹稳定扩展段应力差值由6.40MPa逐渐降低至2.56MPa，其变化趋势也与4.2.2节实验结果类似。裂纹非稳定扩展阶段（扩容阶段）应力差值呈现一定的增长趋势，并统计相应的体积应变量，得到裂纹非稳定扩展阶段（扩容阶段）单位应力下体积应变值，如图4-7所示。图4-7给出由声发射实验和体积应变实验所得裂纹非稳定扩展阶段（扩容阶段）单位应力下体积应变值。声发射实验结果为：随瓦斯压力的增大，单位应力下体积应变值逐渐增大；与裂隙体积应变实验结果相比，可见在具有瓦斯赋存时，瓦斯压力由0.5MPa增加至1.5MPa，单位应力应变值由7.8增加至8.5，其变化规律与声发射实验结果类似，而在无瓦斯赋存时，其结果具有一定的差异。以上分析表明，含瓦斯煤试样进入扩容阶段之后，在增加相同的应力条件下，随瓦斯压力的增大，试样体积变化量增大，即扩容现象更加明显。

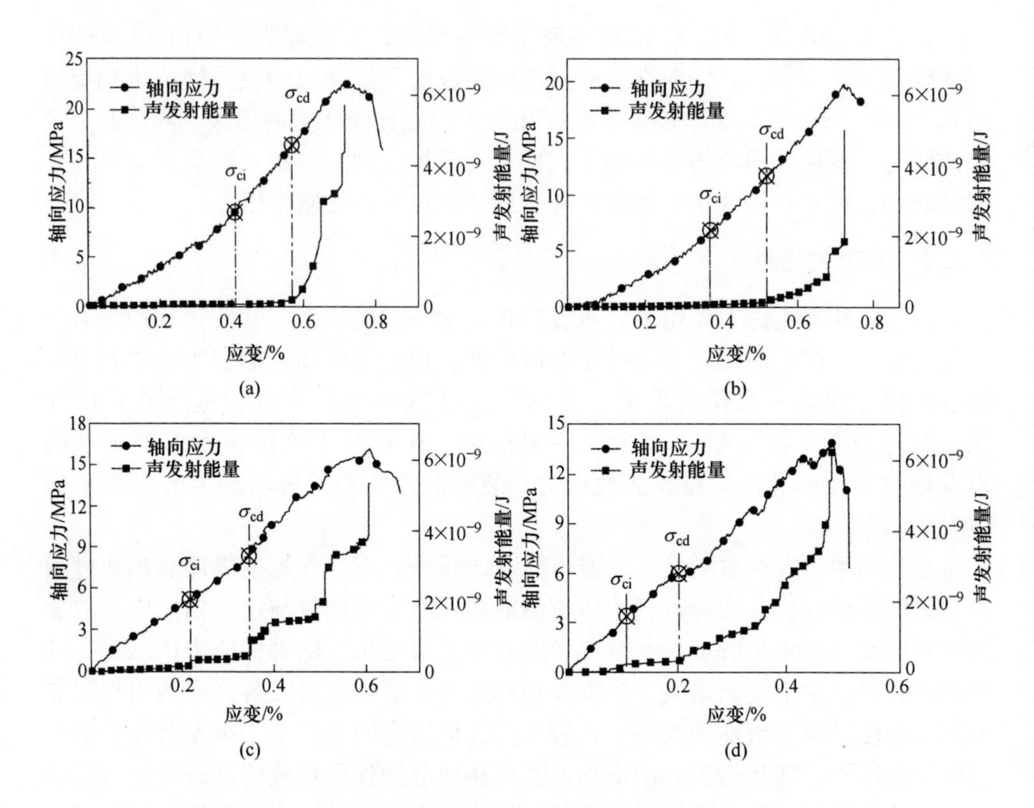

图 4-5 不同瓦斯压力下轴向应力应变与累计声发射能量关系

（a）0MPa；（b）0.5MPa；（c）1.0MPa；（d）1.5MPa

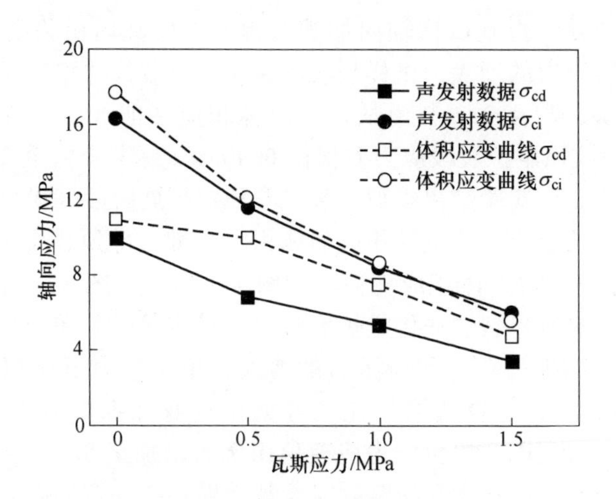

图 4-6 声发射分析和裂纹体积应变的方法所得裂纹起裂应力与不稳定扩展应力随瓦斯压力的变化规律

表 4-3 基于声发射特性分析的裂纹破坏应力

试 样	裂纹起裂应力/MPa	裂纹非稳定扩展应力/MPa	峰值应力/MPa	裂纹稳定扩展段应力差值/MPa	裂纹非稳定扩展段应力差值/MPa
无瓦斯	9.92	16.32	22.79	6.40	6.47
0.5MPa	6.83	11.67	19.73	4.84	8.06
1.0MPa	5.28	8.42	16.12	3.14	7.70
1.5MPa	3.43	5.99	14.04	2.56	8.05

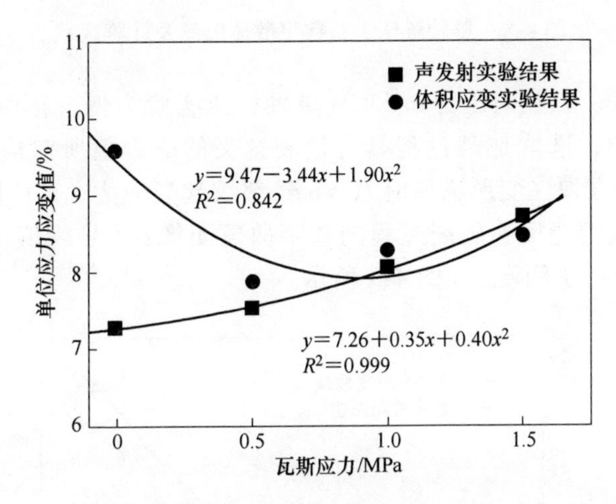

图 4-7 声发射分析和裂纹体积应变的方法所得单位应变值随瓦斯压力的变化规律

由声发射监测实验结果分析可以看出，含瓦斯煤体内的瓦斯环境将导致煤体强度明显变弱，增大煤体内部瓦斯压力，可有效地降低试样内部裂隙的起裂和不稳定扩展所对应的应力值，并导致扩容现象加剧。因此，瓦斯压力对煤体的破坏行为具有明显的影响作用。

4.2.4 表面变形特性

利用自行研制的光学测量装置及开发的 DSCM 计算程序进行图像处理，开展含瓦斯煤加载过程试样表面变形细观演化的研究。实验过程中利用压力机载荷控制图像采集，数字图像拍摄速度设定为 1/3fps。数字图像如图 4-8 所示。

为保证测量的灵敏度和计算的准确性，对试样中心区域进行计算分析，如图 4-8 左图方框区域所示，计算区域内像素为 625 × 1350，将计算区域局部（图 4-8 中图方框区域）放大 50 倍，可以更为清楚地看出利用该设备所得数字散斑图像具有良好的灰度分级，经标定得到光学测量系统的物面分辨率为

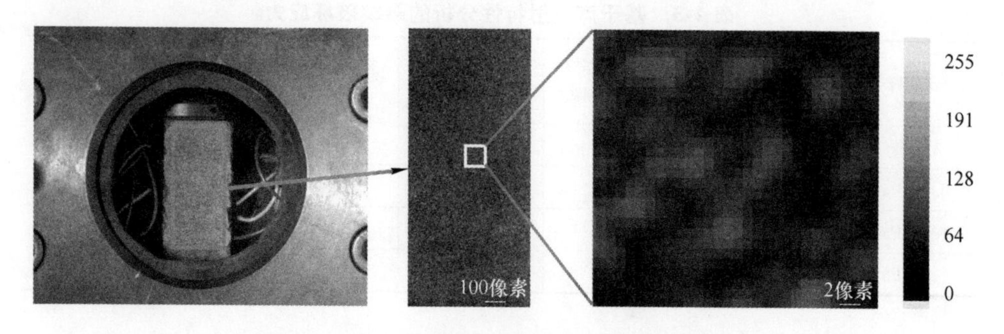

图 4-8　单轴抗压实验数字散斑图像及计算区域

0.0304mm/像素。以瓦斯压力 0.5MPa 单轴抗压实验为例，在所得加载过程的数字散斑图像中，选取加载过程具有代表意义的应力值所对应的数字散斑图像：a 号试样进入弹性变形临界应力、b 号裂纹起裂应力、c 号扩容临界应力，以及临近峰值应力能反映破裂过程的数字散斑图像：d 号峰值应力前、e 号峰值应力后、f 号应力下降，如图 4-9 所示。

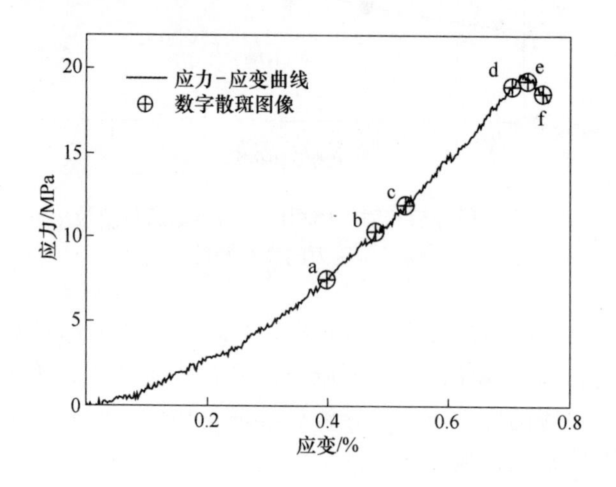

图 4-9　瓦斯压力 0.5MPa 试样应力 - 应变曲线与数字图像示意图

对所选取数字图像进行相关计算，得到加载过程试样表面轴向位移场和剪应变场，分别如图 4-10 和图 4-11 所示。

由试样表面轴向位移场演化过程（见图 4-10），可以看出，在轴向应力作用下，试样上部变形量较下部更大，试样变形基本呈近乎平行的层状由上至下逐渐压缩过程，反映出试样的应力加载为上部压力机压头逐渐下移所施加。随轴向应力的增加，试样轴向最大位移明显随之增大，在试样进入弹性变形阶段（见图 4-10(a)）的轴向位移 0.25mm，随应力逐渐增大至峰值应力（见图 4-10(d)）

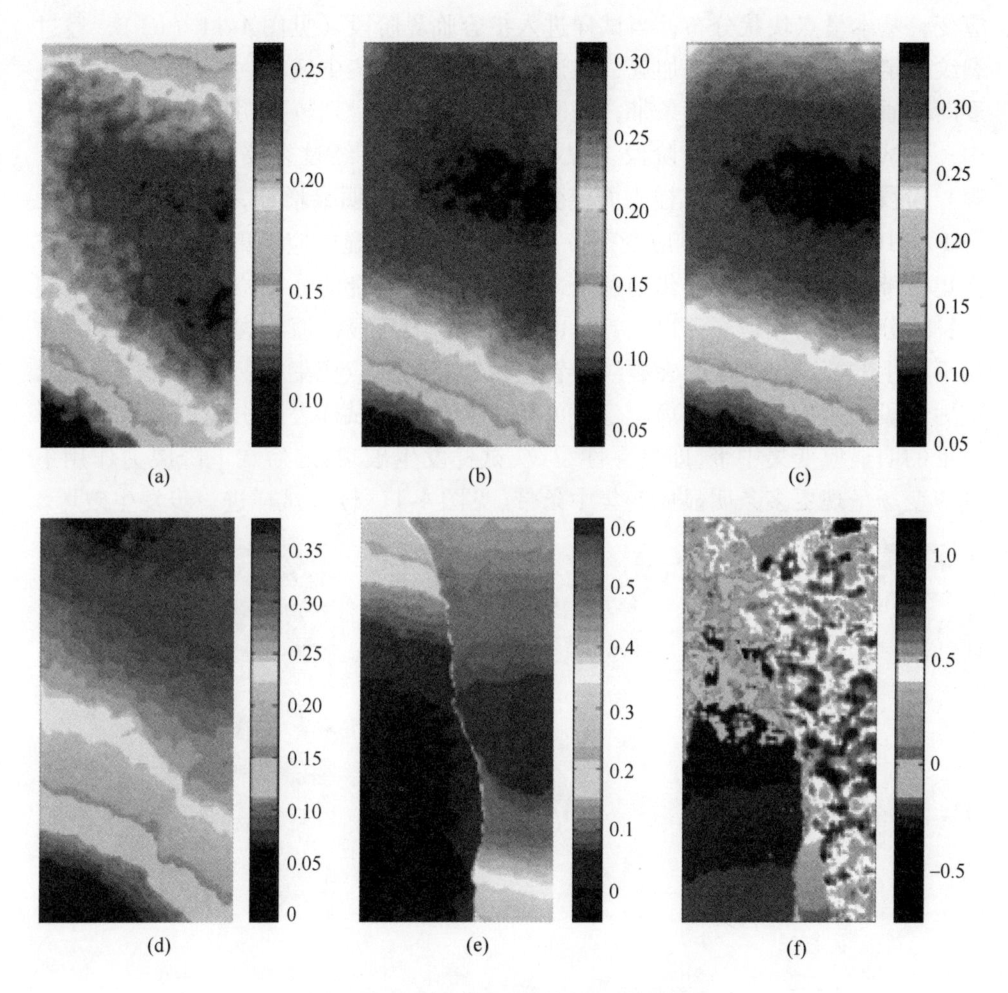

图 4-10 试件加载过程轴向位移场演化

时，其表面位移增至 0.38mm；而随其后 3s 的试样表面位移场（见图 4-10（e））发生明显变化，试样左右两边位移变量有明显区别，反映出在试样中间位置出现一条贯穿上下的裂纹，表面试样此时已出现明显破坏，可以认为此时的数字图像反映了试样应力峰值之后的破坏形态；之后在下降应力作用下试样进一步发生破坏，其位移场更为复杂（见图 4-10（f））。

由试样表面剪应变场演化过程（见图 4-11），可以看出，在试样进入弹性变形阶段（见图 4-11（a）），其表面应变分布较为均匀，反映出此前阶段试样无明显应力集中及裂纹产生；当试样进入裂纹起裂阶段（见图 4-11（b）），经过弹性变形阶段的应力加载，表面应变值有明显增加，由 3×10^{-3} 增大至 6×10^{-3}，且在试样表面应变的均匀性逐渐降低，在试样下部出现部分较为集中的应变，基本呈点块状分布；当试样进入扩容临界阶段（见图4-11（c）），经过裂纹稳定扩展阶段的应力加载，在试样下部的应变集中区域，由应变集中点块逐渐联通，初步形成应变条带，表明此时试样开始呈现较为明显的局部应力集中；当试样进入峰值应力阶段（见图4-11（d）），经过裂纹非稳定扩展（扩容）阶段的应力加载，试样表面应变值进一步呈现明显增加，由6×10^{-3}增大至10×10^{-3}，之前不明显应变条带，逐渐转变为明显的应变集中带，且在给应变集中带左上方新增应变集中条带，两条应变集中带的分布位置与第2章中裂纹扩展分布极为相似，可以认为是由于试样扩容阶段，原有裂纹在压剪应力作用下发生的新裂纹扩展，在裂纹位置呈现明显的剪应变集中；当试样进入峰后应力阶段（见图4-11（e）），经过峰值应力加载，试样表面出现一条贯穿试样上下的明显应变集中带，即贯穿性裂纹，试样发生破裂；之后在下降应力作用下其应变场呈现更多条明显应变集中条带（见图4-11（f）），试样进一步发生破坏。

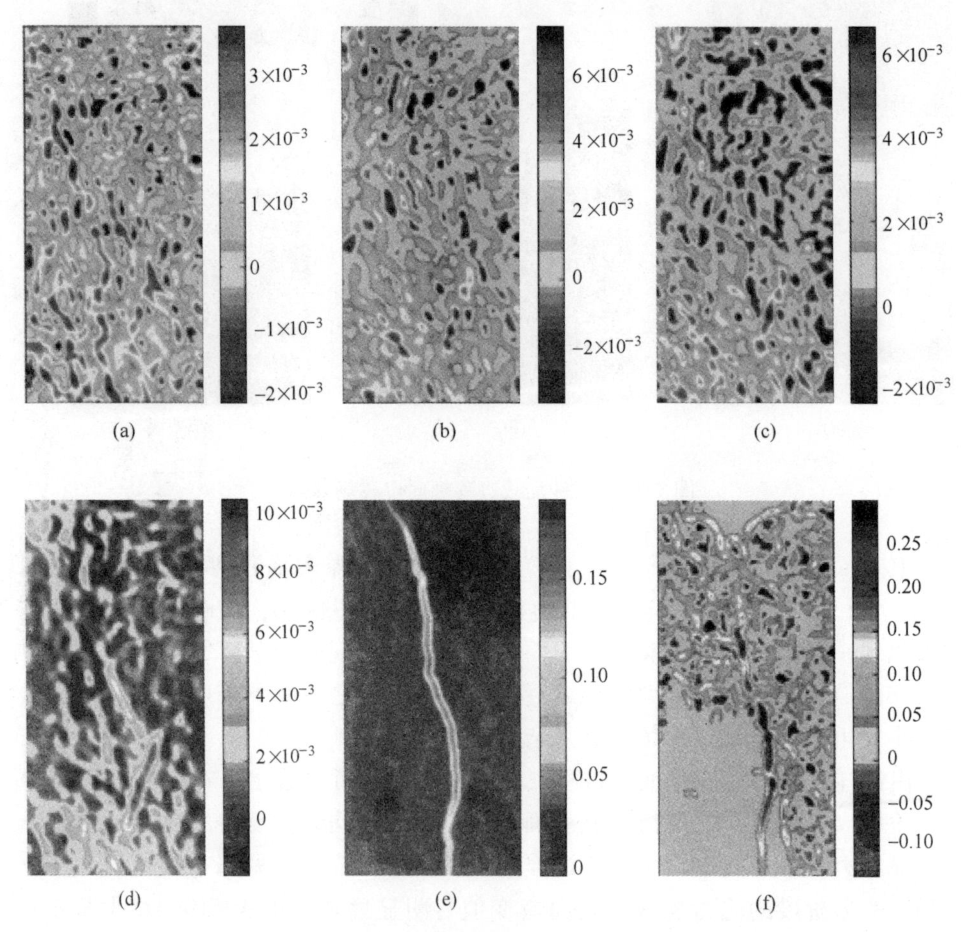

图4-11　试件加载过程剪应变场演化

由此可见，本书中基于数字散斑图像所开发的 DSCM 计算程序，可以得到试样表面位移与应变较清晰的细观演化过程。对不同瓦斯压力的试样表面破坏形态散斑图像进行相关处理，得到不同瓦斯压力试件破坏时应变场分布，如图 4-12 所示。

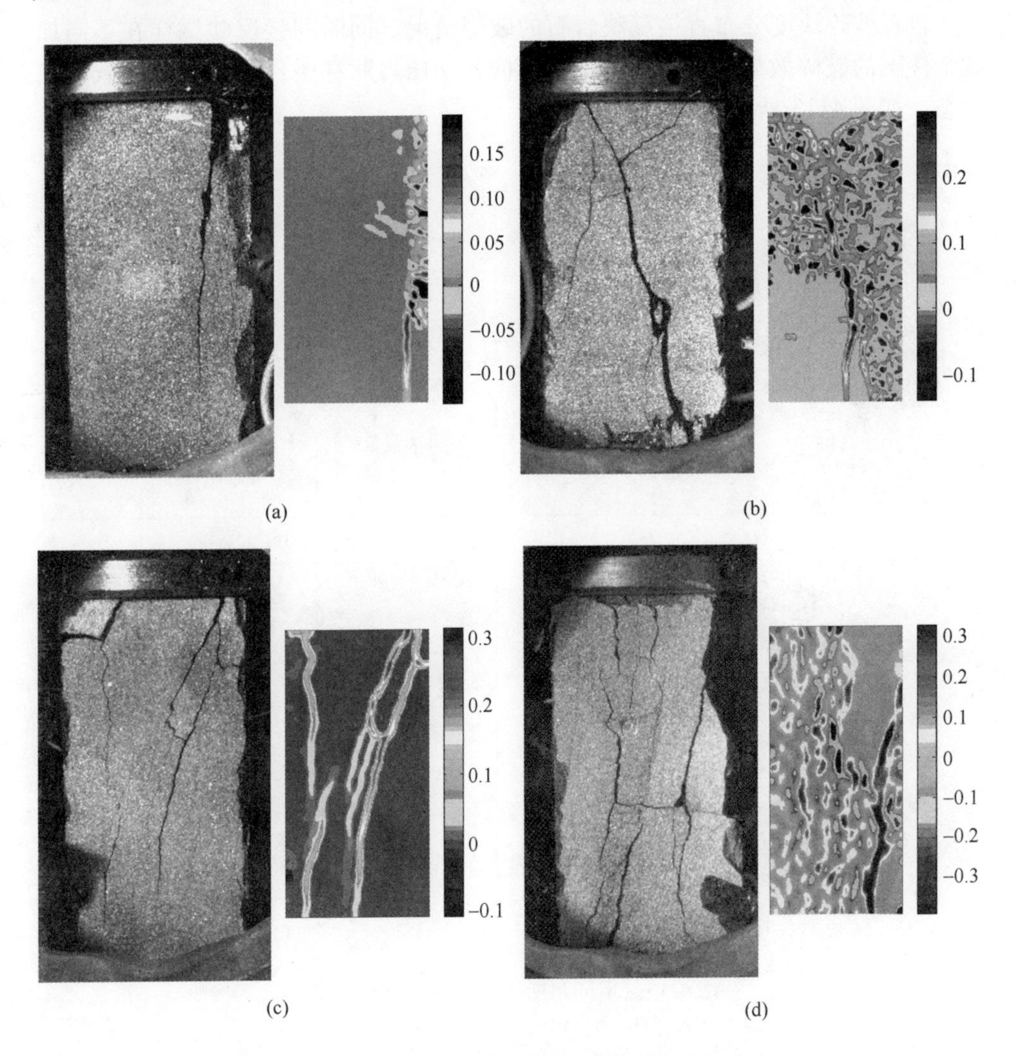

图 4-12 不同瓦斯压力试件破坏形态与应变场分布

(a) 0MPa; (b) 0.5MPa; (c) 1.0MPa; (d) 1.5MPa

由图 4-12 可以看出，在应变场分布图中，应变集中区域与试样破坏裂纹分布具有较好的对应关系；随瓦斯压力的增大，试样破坏时应力集中区域明显增多，反映出试样破坏时裂纹相应增多；同时裂纹扩展时的最大应变值也随瓦斯压力的增大而增大，由无瓦斯状态的最大应变值 0.18，随瓦斯压力增大至

1.5MPa 时最大应变值逐渐增大至 0.32，反映出试样破坏时裂纹的变形量随之增大，即试样的破坏时塑性有所增加。

4.2.5　碎块分形与能耗特性

岩石破碎块度分布直接反映岩石的破碎情况，同时间接反映试样在不同加载条件件下的破碎效果。含瓦斯煤样在不同瓦斯压力赋存条件下的单轴静载破碎形态，如图 4-13 所示。

(a)　(b)　(c)　(d)

图 4-13　不同瓦斯压力下试样破碎形态

(a) 0MPa；(b) 0.5MPa；(c) 1.0MPa；(d) 1.5MPa

由图 4-13 可以看出，在不同瓦斯压力条件下，含瓦斯煤试样破坏形态不同，当无瓦斯压力时，试样破坏保留较完整的大块；随瓦斯压力的增大，试样破坏后的大块逐渐减小，当瓦斯压力增大到 1.5MPa 时，试样破坏更为均匀，基本无明显大块产生，表面试样内部的破坏裂隙发育更为充分，导致试样破坏较为粉碎。这说明瓦斯赋存压力环境对含瓦斯煤轴向加载破碎形态有一定的影响。

对比无瓦斯应力和瓦斯应力 1.5MPa 的碎块断面可以看到（见图 4-14），无瓦斯应力状态煤样碎块上下两端部保留有“V”锥形破坏面，表明煤样受轴向静载作用，在试样内部的局部部位形成较强烈的剪切滑移破坏，进而导致试样整体破坏失稳（见图 4-14（a））。然而，在瓦斯应力 1.5MPa 条件下，碎块表面呈现明显的台阶状断裂损伤（箭头表示的台阶状断裂位置），主要表现为张性断裂（见图 4-14（b））。由第 3 章的理论分析认为随瓦斯压力的增高 I 型应力强度因子增大，且裂纹起裂角度降低，从而促使煤体更易发生 I 型张拉断裂损伤，这一结论为静载加载实验中随瓦斯应力增大煤样破坏形态以压剪破坏向张开拉伸破坏转变的特征提供了科学解释。

图 4-14 瓦斯应力 0 和 1.5MPa 状态下碎块断面形态
（a）0MPa；（b）1.0MPa

自 20 世纪 70 年代法国数学家 Benoit B. Mandelbrot 提出分形几何以来，作为一门研究自然界不规则现象及内在规律的学科得到了广泛的关注，为认识和研究非欧氏几何的科学问题提供了一种崭新的方法与途径，该方法一经提出，在岩石破碎的描述定义与机理分析领域也得到人们的重视。

岩石破碎受外界载荷和内部结构因素的耦合作用，其过程及力学表述极其复杂，故通过对破碎后的块度分布情况的描述对岩石破碎效果进行评述。通过大量的理论分析、实验室和现场实验研究，人们提出了不少相应的破碎块度分布统计函数，其中 R-R（Rosin-Rammler）分布和 G-G-S（Gate-Gaudin-Schuhmann）分布，最具有代表性[6]。

R－R 分布的函数表达式为：

$$y = 1 - \exp\left[-\left(\frac{r}{r_0}\right)^a\right] \tag{4-7}$$

式中，r_0 为碎块特征尺寸；a 为碎块分布参数。

G-G-S 分布的表达式为：

$$y = \left(\frac{r}{r_m}\right)^b \tag{4-8}$$

式中，r_0 为分布参数，当 $r = r_m$ 时筛下量为 100%，即碎块的最大尺寸；b 为碎块分布参数，对数坐标下函数直线斜率。

一般认为 R-R 分布倾向于碎块粗粒端分布描述，G-G-S 分布则倾向于碎块细粒端分布描述。

比较式（4-7）与式（4-8），若将式（4-7）按级数展开，并舍去高阶导数项，则两种描述方法具有相同结果。若用 $m(r)$ 表示特征尺寸为 r 的筛下质量累计量，M 表示碎块总质量，则有：

$$\frac{m(r)}{M} = \left(\frac{r}{r_m}\right)^b \tag{4-9}$$

求导可得：

$$dm \propto r^{b-1}dr \tag{4-10}$$

引入碎块数量的增量与碎块质量的增量的关系：

$$dm \propto r^3 dN \tag{4-11}$$

根据 Turcotte 等人的研究结果，可以得出在岩石破碎时，其碎块分形维数 D 可以利用碎块的线性特性尺寸 r 和大于该尺寸的碎块个数 N 的关系表示：

$$N \propto r^{-D} \tag{4-12}$$

对式（4-12）求导，得：

$$dN \propto r^{-D-1}dr \tag{4-13}$$

则结合式（4-11）~式（4-13）可得：

$$D = 3 - b \tag{4-14}$$

其中：

$$b = \frac{\lg(M_R/M)}{\lg R} \tag{4-15}$$

式中，M_R 为直径小于 R 的碎块累积质量；M 为总质量。

这样，从筛分实验结果中得到不同粒级的筛下累计量就可得到相应的破碎分形维数。

收集冲击实验后试样碎块，使用新标准土壤筛进行筛分统计，筛径分别为 0.5mm、1.00mm、5.00mm、20.00mm、50.00mm 共 5 个等级，对每个等级筛分质量进行称量。将统计出的筛分质量，按式（4-14）和式（4-15）计算得到不同瓦斯压力下试样碎块结果，见表 4-4。其典型的碎块分布曲线及碎块分形维数如图 4-15 和图 4-16 所示。

表 4-4 不同瓦斯压力下试样碎块的筛下累积质量及分形维数

试样编号		筛下累积质量/g					b	分形维数 D
		0.5mm	1.00mm	5.00mm	20.00mm	50.00mm		
无瓦斯	1	1.53	2.75	6.74	16.62	44.28	0.69	2.31
	2	1.67	3.64	7.52	19.12	48.14	0.68	2.32
	3	2.52	3.75	9.93	15.28	47.03	0.59	2.41
	4	1.62	3.02	7.17	18.63	47.72	0.70	2.30
	5	3.46	7.73	13.62	28.94	47.01	0.53	2.47
0.5MPa	1	4.53	9.25	21.39	27.59	44.86	0.46	2.54
	2	5.67	11.36	20.42	36.62	45.28	0.43	2.57
	3	3.57	8.41	15.95	26.62	47.15	0.51	2.49
	4	7.32	14.65	23.56	30.83	48.72	0.36	2.64
	5	5.79	9.42	16.47	28.94	47.07	0.43	2.57
1.0MPa	1	8.22	15.57	23.04	32.46	44.25	0.34	2.66
	2	7.81	13.39	21.79	38.62	48.13	0.38	2.62
	3	12.26	19.31	22.35	34.89	47.91	0.27	2.73
	4	6.11	11.72	19.64	32.79	48.78	0.42	2.58
	5	7.62	13.37	21.47	29.94	47.01	0.36	2.64
1.5MPa	1	12.43	18.72	27.05	35.14	44.03	0.25	2.75
	2	14.32	17.87	25.34	31.16	47.95	0.24	2.76
	3	10.25	14.52	20.27	30.59	48.26	0.31	2.69
	4	12.01	17.67	29.06	36.11	48.91	0.29	2.71
	5	9.28	13.54	20.92	28.91	46.47	0.32	2.68

由图 4-15 和图 4-16 可以看出，不同瓦斯压力下的含瓦斯煤轴向加载实验，所得试样碎块分形维数一般在 2.2 ~ 2.8 之间，与大多实验室内条件下得到的岩石碎块分形维数比较一致。同时可以看出，在相同实验条件下，含瓦斯煤的碎块分形维数明显受赋存瓦斯压力的影响，碎块分形维数随瓦斯压力增大而增大，即瓦斯压力的存在有助于提高试样加载后的破碎程度。

相关研究表明[7]，破碎块度分形维数 D 与外界能量耗散密度对数成正比关系，如式（4-16）所示，可以作为衡量外界能量与破碎效果匹配的定量指标。

$$D = \frac{\log E_{\mathrm{r}}}{\log r_0} + \left(3 - \frac{\log C}{\log r_0}\right) = A\log E_{\mathrm{r}} + B \tag{4-16}$$

式中，A，B 分别为常量；E_{r} 为平均散耗能量。

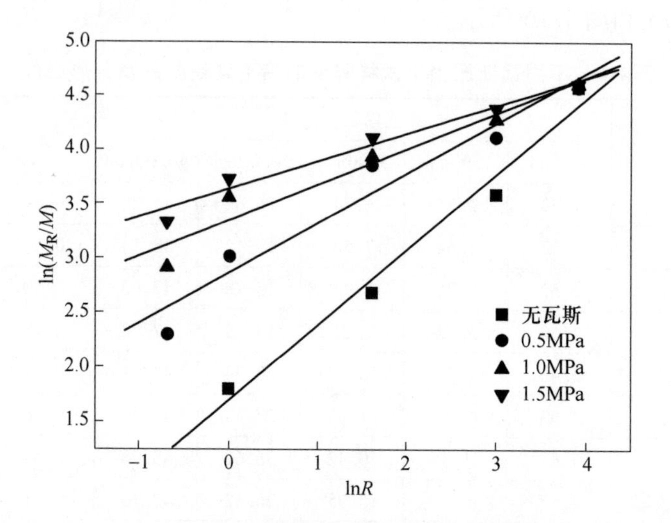

图 4-15 不同瓦斯压力下的碎块分布曲线

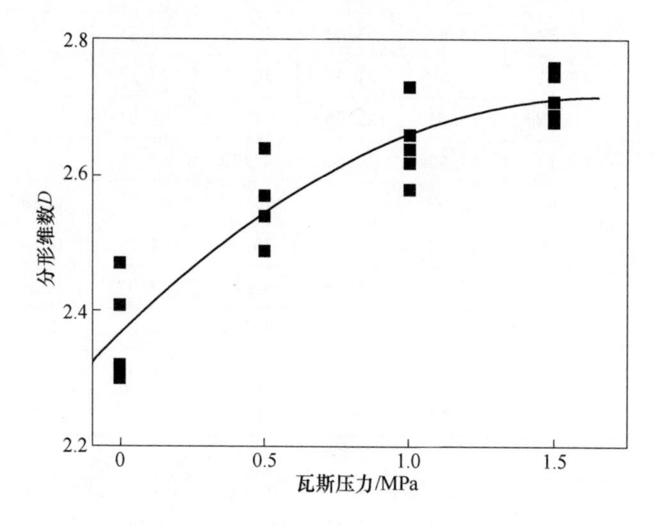

图 4-16 不同瓦斯压力下的碎块分形维数

在主应力空间岩体总能量 E 可具体表示为[8]：

$$E = \int_0^{\varepsilon_1} \sigma_1 \mathrm{d}\varepsilon_1 + \int_0^{\varepsilon_2} \sigma_2 \mathrm{d}\varepsilon_2 + \int_0^{\varepsilon_3} \sigma_3 \mathrm{d}\varepsilon_3 \tag{4-17}$$

式中，σ_1，ε_1 分别为轴向应力和应变；σ_2，σ_3 均为侧向应力；ε_2，ε_3 均为侧向应变。

对于本章中单轴实验，可假设侧向应力为零，同时假设外载所做的功全部转化为试样的内能，故试样峰值破坏前的加载过程总能量 E_e，可如下表示：

$$E_e = \int_0^{\varepsilon_c} \sigma_1 \mathrm{d}\varepsilon_1 \tag{4-18}$$

式中，ε_c 为试样峰值强度的应变值。

由此可计算出峰值破坏前加载能量散耗密度 E_r 为：

$$E_r = \frac{E_e}{V} = \frac{\int_0^{\varepsilon_c} \sigma_1 \mathrm{d}\varepsilon_1}{abh} \tag{4-19}$$

式中，a 为试样长；b 为试样宽；h 为试样高。

统计实验所得分形维数与加载能量散耗密度的对数关系，如图 4-17 所示。由图 4-17 可以看出，随瓦斯压力的增大，试样加载能量散耗密度呈降低的趋势，而试样碎块分形维数呈增加的趋势。如此所得实验数据与式 (4-16) 所述分形维数随能耗密度的增加而增加，并成较好的线性关系的变化规律不同。

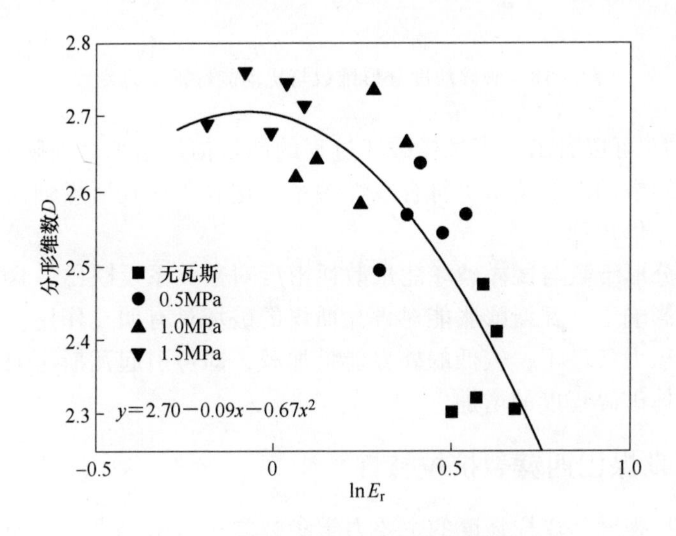

图 4-17　破碎块度分维与扰动能量密度的关系

相关研究认为，在含瓦斯煤试样受载发生扩容现象进而破坏的过程中，试样内所赋存的瓦斯将对外膨胀做功。从能量守恒角度而言，针对本次实验条件，含瓦斯煤在加载过程中，试样除受压力机施加的总能量 E_e 作用外，还承受瓦斯膨胀能 E_g 作用。故经修正后考虑瓦斯作用引发试样破坏的散耗能量密度 E_r' 为：

$$E_r' = \frac{E_e + E_g}{V} \tag{4-20}$$

借鉴文献［9］中不同瓦斯压力下扩容过程瓦斯膨胀能，代入式 (4-20) 计算得出不同瓦斯压力下含瓦斯煤碎块分形维数与加载能量散耗密度的对数关系，如图 4-18 所示。

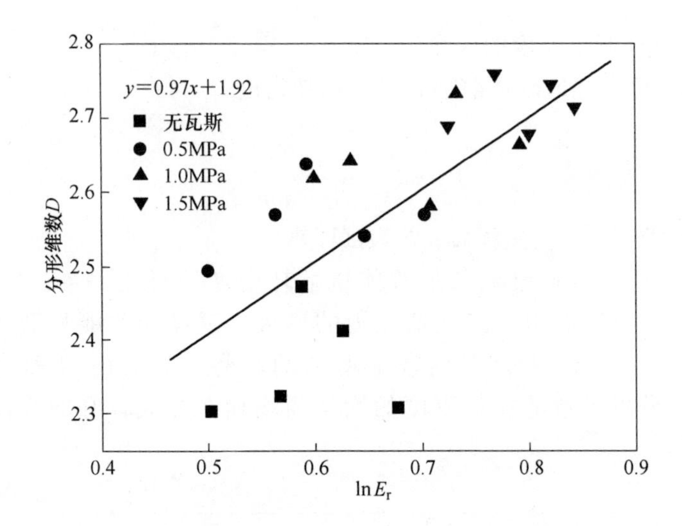

图 4-18 破碎块度分形维数与扰动能量密度的关系

由图 4-18 可以看出，当试样破坏过程的能量描述增加瓦斯膨胀能作用时，能量与分形维数的对数关系更符合线性关系。这表明含瓦斯煤轴向加载破坏碎块分布符合分形规律。

从块度分形维数与试样破坏能量散耗密度对数关系反映出，含瓦斯煤体在赋存瓦斯的影响下，瓦斯膨胀能对含瓦斯煤的破坏具有明显作用。因此在较高的煤体瓦斯压力条件下，较低的外界能量加载，即可引起瓦斯压力膨胀能的释放，导致煤体破碎程度的增加。

4.3 含瓦斯煤巴西劈裂抗拉特性

煤样抗拉强度是煤样强度的主要力学参数之一，由于直接拉伸岩样夹持的困难性，抗拉强度通常采用间接法测定，其中圆盘对径加载巴西劈裂是《煤和岩石物理力学性质测定方法》[10]推荐的抗拉强度测试方法。

考虑到不同层理方向的煤岩，其抗拉强度有较大差别，本章实验选择加载方向与煤层层理面垂直；在试样表面沿轴向加载中线均匀布置 3 个应变片，其中 3 号应变片布置在试样中心位置，1 号和 2 号应变片分别布置在距中心半径/2 的中线位置，应变片测试方向垂直加载直径，用于监测试样轴向加载中线应力集中程度，如图 4-19 所示。

实验时通过微调煤样放置位置，使其端面的层理方向尽可能处于水平，以确保层理面与加载方向垂直。本章力学加载使用 RMT-150 岩石力学试验系统试验，加载时采用位移控制，加载速率为 0.002mm/s；将煤样放置在瓦斯气体

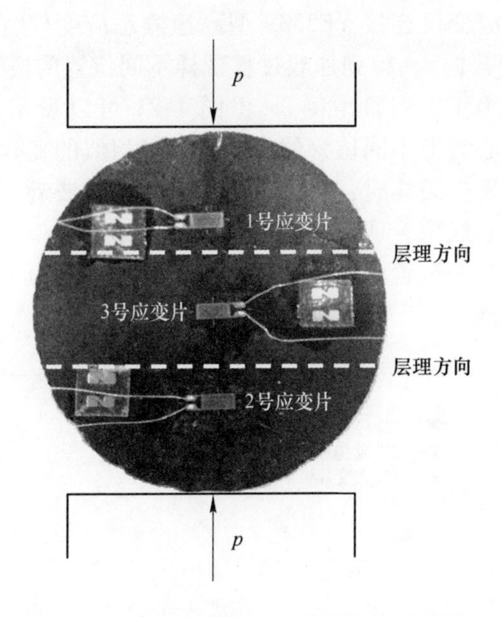

图 4-19 含瓦斯煤样巴西劈裂加载示意图

密封罐内，以保证试样加载时的瓦斯赋存状态。

4.3.1 试样破坏形态

以瓦斯压力 0MPa 和 1.0MPa 为例，试样加载破坏如图 4-20 所示。从图 4-20 所示的煤样破坏特征可以看出，轴向对径加载巴西圆盘煤样破坏成较好的对称半圆盘，破坏面通过轴向加载基线，破坏面较为平直。

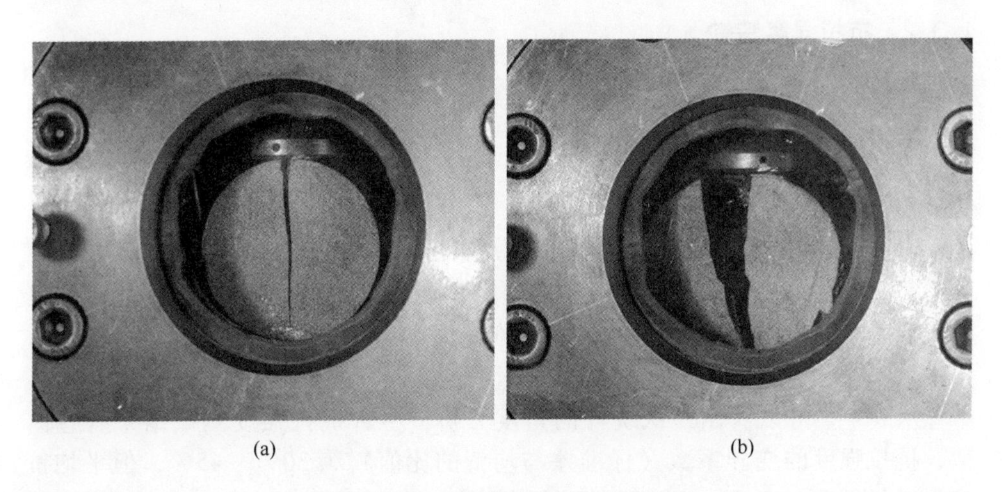

图 4-20 含瓦斯煤样破坏形态示意图
(a) 0MPa；(b) 1.0MPa

由试样表面的应变仪连接 YE2539 型高速静态应变仪（采样率为 2Hz，每 0.5s 采集一次应变数据），得到加载过程试样不同位置的应变值，如图 4-21 所示（以瓦斯压力 1.0MPa 实验为例）。由图 4-21 可以看出，随加载时间的增加，试样沿轴向中心线上不同位置的应变值具有相似的变化规律，且数值几乎相同，仅在试样将发生破坏时，所测数值产生一定的波动，反映出实验加载过程，试样在轴向中心线位置所产生的近乎相同的拉应力。当达到破坏应力时，试样轴向中心线上 3 个位置的应变片同时断裂，断裂时间小于 500ms，表现出典型的脆性断裂特性。

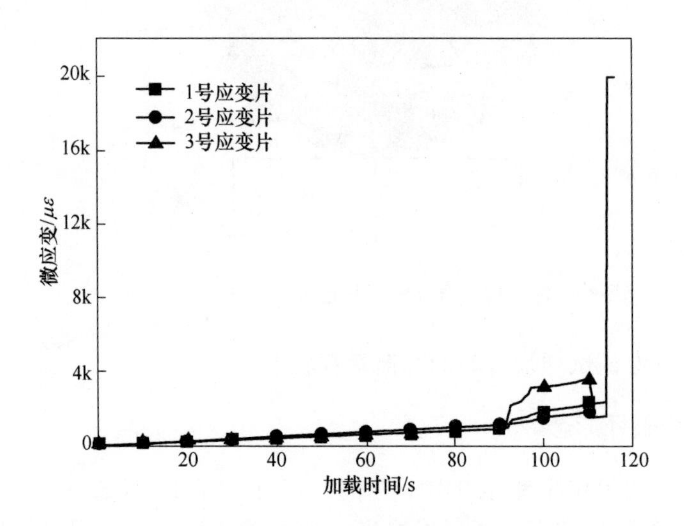

图 4-21 试样表面应变信号

4.3.2 抗拉强度特性

巴西劈裂试验中，煤样抗拉强度是在测得煤样破坏时的极限载荷后，通过下式求得的：

$$\sigma_t = -\frac{2P}{\pi DL} \tag{4-21}$$

式中，σ_t 为抗拉强度；P 为极限荷载；D 为试样直径；L 为试样高度。

实验结果如图 4-21 和表 4-5 所示。图 4-22 为不同瓦斯压力条件下，煤样巴西劈裂试验时中心处拉应力－时间的曲线（为便于比较拉应力以正给出）。

从表 4-5 可以看出，从统计的角度分析，尽管抗拉强度测试结果有些离散，抗拉强度的变异系数（标准差与均值的比值）为 30% ~45%，但平均抗拉强度仍具有一定规律，随瓦斯压力的增大，含瓦斯煤试样抗拉强度呈现降低趋势。

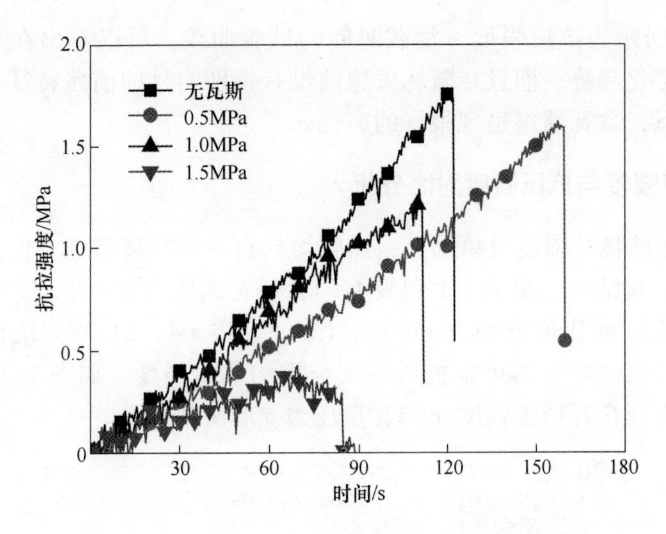

图 4-22 不同瓦斯压力抗拉强度与时间关系曲线

表 4-5 煤样基本参数及不同瓦斯压力下巴西劈裂试验结果

试样编号		直径/mm	高度/mm	密度/g·cm^{-3}	极限荷载/kN	抗拉强度/MPa	平均值/MPa	变异系数/%
无瓦斯	1	49.20	25.00	1.377	5.34	2.77	1.99	31.68
	2	49.20	25.14	1.437	3.42	1.76		
	3	49.18	25.22	1.346	4.15	2.13		
	4	49.20	25.08	1.340	4.36	2.25		
	5	49.22	25.16	1.416	2.07	1.06		
0.5MPa	1	49.00	24.90	1.402	4.68	2.44	1.61	34.88
	2	49.10	25.12	1.364	3.75	1.94		
	3	49.00	25.08	1.446	2.01	1.04		
	4	49.08	25.06	1.431	2.26	1.17		
	5	49.14	25.16	1.340	3.14	1.62		
1.0MPa	1	49.20	25.30	1.388	3.86	1.98	1.24	36.84
	2	49.20	25.26	1.445	1.47	0.75		
	3	49.20	25.26	1.413	2.51	1.29		
	4	49.18	25.30	1.437	2.18	1.12		
	5	49.18	25.24	1.430	2.05	1.05		
1.5MPa	1	49.10	25.00	1.404	1.04	0.54	0.61	44.24
	2	49.14	25.16	1.439	0.83	0.43		
	3	49.14	25.16	1.354	1.36	0.70		
	4	49.12	25.18	1.379	0.45	0.33		
	5	49.12	25.20	1.402	1.97	1.01		

图4-22所示为抗拉强度-加载时间的试验曲线，可以看出在加载过程基本呈现线性变化趋势，而且在破坏失稳前没有特别明显的前兆特征，表明在劈裂拉伸状态下，含瓦斯煤呈现很好的脆性。

4.3.3 抗拉强度与抗压强度对比分析

尽管煤样的抗拉强度及单轴压缩强度均具有一定的离散性，但其统计意义明显。根据试验结果（见表4-1和表4-5），随瓦斯压力增大平均单轴抗压强度与平均抗拉强度的比值分别为11.42、12.02、13.04、23.28。统计不同瓦斯压力下含瓦斯煤试样平均单轴抗压强度与平均抗拉强度，如图4-23所示。通过数据拟合得到含瓦斯煤强度 σ 与瓦斯压力 p 的函数关系。

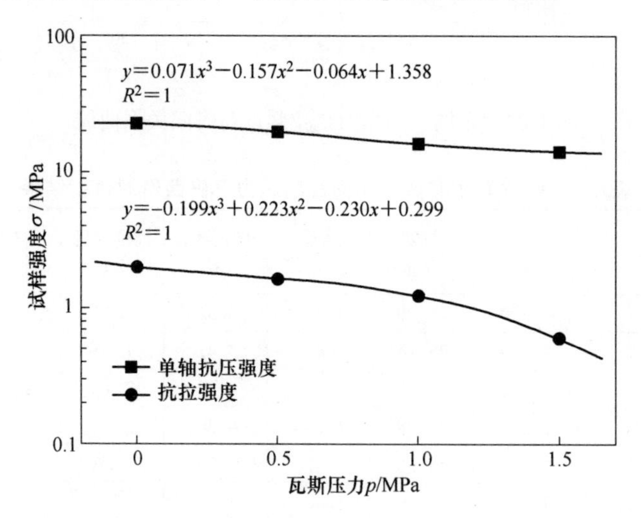

图4-23 不同瓦斯压力单轴抗压强度及抗拉强度

单轴抗压强度：

$$\sigma_c = 0.071 \times p^3 - 0.157 \times p^2 - 0.064 \times p + 1.358 \tag{4-22}$$

抗压强度：

$$\sigma_t = -0.199 \times p^3 + 0.223 \times p^2 - 0.230 \times p + 0.299 \tag{4-23}$$

可见，煤岩抗拉强度均远小于抗压强度，且受瓦斯压力变化的影响更为显著，表明含瓦斯煤岩在受载不大时极易出现拉伸破坏。因此，在深部高瓦斯煤层资源回采及防止煤矿相关瓦斯煤岩动力灾害设计中，为更准确地评价含瓦斯煤岩体力学特性，考虑瓦斯赋存条件下煤岩的拉压强度值非常必要。

4.4 含瓦斯煤断裂韧度特性

深部煤炭资源回采煤体，同时承受上覆岩层自重和采动应力以及煤体内高瓦斯压力的共同作用，瓦斯-应力作用是影响煤炭回采工程安全稳定的一个关键因素，共同作用下的煤体力学性质变化也是众多学者共同关心的课题，相关领域的研究越来越被重视。近年来，国内外一些学者逐渐开始对深部含瓦斯煤岩体宏观力学性质等方面展开相关研究。考虑到煤岩体为多孔隙结构，本身存在原生裂隙以及采动诱发的裂隙，因此研究含瓦斯煤体断裂行为具有重要意义，这有助于深入了解含瓦斯煤岩体的裂隙演化规律，从而为评价含瓦斯煤体稳定性分析提供实验依据。

三点弯曲试验由于试验设备简单、试件容易加工等优越性而被广泛应用于测量材料的Ⅰ型裂纹断裂韧性。本章三点弯曲断裂韧度实验原煤试样如图 4-24 所示，试样为半径（R）50 mm 的半圆盘，中心切缝长（a）6mm、宽不大于 1mm，平均厚度（B）20mm，试样下端支撑点间距（$2S$）30mm。

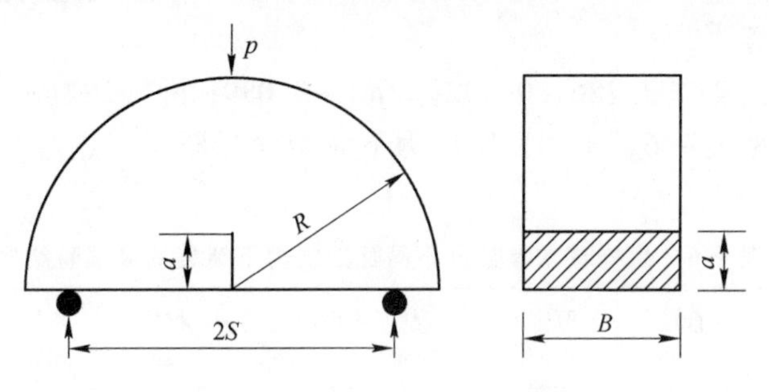

图 4-24 半圆盘试样示意图

通过带瓦斯密封加载装置的加载装置，对经过 0MPa、0.5MPa、1.0MPa 和 1.5MPa 4 个瓦斯饱和吸附处理的煤样进行了三点弯曲破坏，实验过程采用高速摄像仪（Photron SA1.1）观察含瓦斯煤的断裂扩展过程，实验装置及数字散斑图像如图 4-25 所示，探索不同瓦斯压力影响后含瓦斯煤的断裂机制。

图 4-25 实验装置与试样数字图像拍摄区域

4.4.1　瓦斯对煤岩断裂韧度的影响

针对本章所采用的半圆盘三点弯实验，试样的断裂韧度 K_{IC} 可由下式计算[11]：

$$K_{\mathrm{IC}} = Y_{\mathrm{I}}(S/R)\frac{P\sqrt{\pi a}}{2RB} \tag{4-24}$$

式中，$Y_{\mathrm{I}}(S/R)$ 为试样Ⅰ型裂纹断裂几何因子；S 为试样中性点到支撑点距离；R 为试样半径；P 为试样断裂时的轴向加载力；a 为试样切缝长；B 为试样厚度。

本书中 $S/R = 15/25 = 0.6$、$a/R = 6/25 = 0.24$，试样Ⅰ型裂纹断裂几何因子可由下式计算[12]：

$$Y_{\mathrm{I}}(S/R) = 3.286 - 0.432(a/R) + 0.039\exp[7.282(a/R)] \tag{4-25}$$

实验结果见表4-6，不同瓦斯压力下典型含瓦斯煤三点弯荷载－扰度曲线如图4-26所示。

表4-6　煤样基本参数及不同瓦斯压力下断裂韧度试验结果

试样编号		直径 /mm	厚度 /mm	预制缝长 /mm	极限荷载 /kN	扰度 /mm	断裂韧度 /MPa · m$^{1/2}$	平均值 /MPa · m$^{1/2}$
无瓦斯	1	49.10	20.22	5.90	0.98	0.117	0.458	0.443
	2	49.10	20.20	6.02	0.92	0.102	0.435	
	3	49.20	20.14	6.10	0.94	0.112	0.449	
	4	49.20	20.18	6.00	0.91	0.124	0.429	
	5	49.20	20.16	6.00	0.95	0.082	0.450	
0.5MPa	1	49.10	20.10	6.20	0.76	0.142	0.368	0.355
	2	49.20	20.06	6.08	0.76	0.131	0.363	
	3	49.20	20.12	6.02	0.82	0.109	0.389	
	4	49.20	20.10	6.02	0.63	0.135	0.299	
	5	49.10	20.14	5.94	0.64	0.117	0.301	
1.0MPa	1	49.10	20.22	5.84	0.48	0.151	0.223	0.243
	2	49.10	20.18	5.92	0.49	0.128	0.230	
	3	49.20	20.26	5.82	0.64	0.142	0.295	
	4	49.20	20.16	6.02	0.47	0.162	0.222	
	5	49.20	20.18	6.02	0.46	0.131	0.217	
1.5MPa	1	49.10	20.18	6.12	0.26	0.135	0.124	0.159
	2	49.20	20.20	6.08	0.24	0.124	0.114	
	3	49.20	20.20	6.08	0.45	0.152	0.214	
	4	49.1	20.16	6.02	0.39	0.093	0.185	
	5	49.10	20.12	6.08	0.47	0.091	0.225	

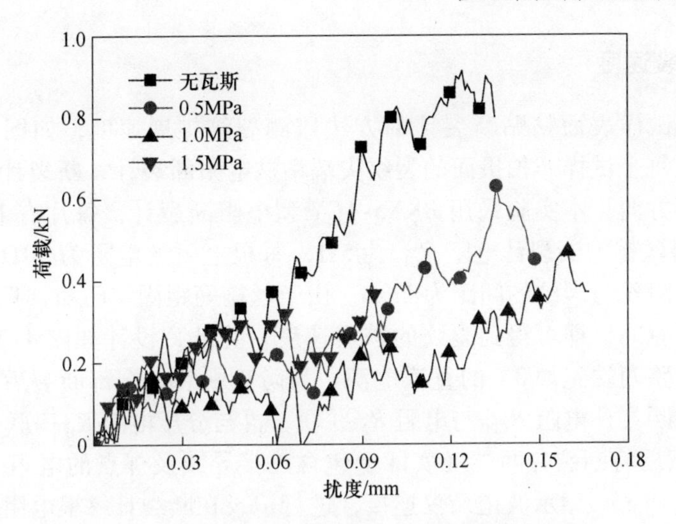

图 4-26 不同瓦斯压力下煤岩荷载－扰度曲线

由实验结果可以看出，随瓦斯压力的增大，峰值荷载呈逐渐降低趋势；荷载加载初期，各试样具有近似相同的荷载增加率，随荷载的增加，含瓦斯煤荷载增加率逐渐降低，试样变形扰度有增大的趋势，表现出试样的塑性变形逐渐明显。

统计不同瓦斯压力下含瓦斯煤试样断裂韧度，如图 4-27 所示。可以看出随瓦斯压力的增大，含瓦斯煤Ⅰ型断裂韧度逐渐降低，且实验数据离散度逐渐增大，其数据变异系数由 2.8% 增加至 29.5%，增大近 10 倍。通过数据拟合得到含瓦斯煤断裂韧度 K_{I} 与瓦斯压力的函数关系，如下：

$$K_{\mathrm{I}} = 0.035 \times p^2 - 0.237 \times p + 0.447 \tag{4-26}$$

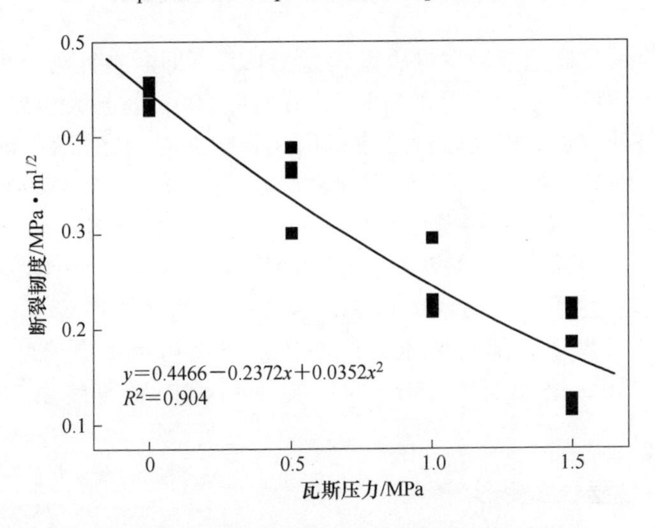

图 4-27 不同瓦斯压力下煤岩断裂韧度

4.4.2 断裂速度

采用在试样表面粘贴断裂计的方法监测裂纹扩展速度，如图 4-28 所示。实验时，在每个试样非拍摄面的裂纹尖端粘贴电阻断裂计，断裂计的丝栅垂直于裂纹扩展方向。本实验采用 BKX5-4CY 型电阻断裂计，每片有 10 根间隔为 1mm 的电阻丝栅，断裂计电阻 R_{CPG}为 5Ω，每根电阻丝电阻为 50Ω，粘贴时保证第一根电阻丝与裂纹的间距为 1mm。由于丝栅间距固定已知，只需测量每根丝栅的断裂时间，即可得到裂纹的扩展速度。为此，设计如图 4-28 所示的测量电路，电路两端施加 3V 的直流电源，为防止断裂计全部断裂后形成电路开路，采用将断裂计电阻 R_{CPG}与电阻 R_2 并联，再与分压电阻 R_1 串联，其中 $R_2 = R_1 = 5\Omega$，然后将断裂片两端（实际上包含连接导线及焊点的电阻 r，实测 $r = 0.36\Omega$）与 DL850 型示波记录仪连接，进行记录在断裂计每根电阻丝断裂过程 R_{CPG}上的电压变化规律。

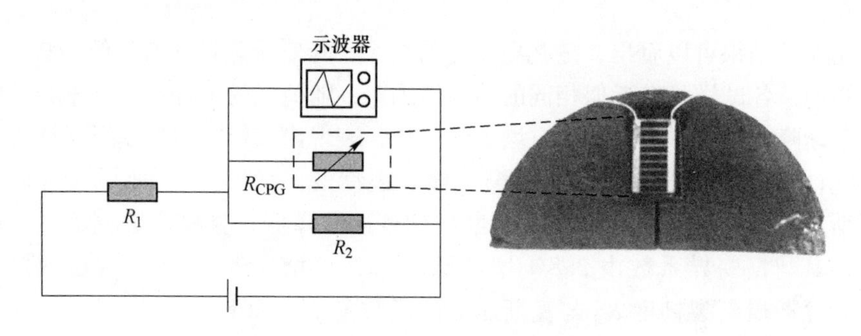

图 4-28 断裂计测量裂纹扩展速度电路图

实验时将示波器记录触发电压设置为 1.02V，即断裂计第一根电阻丝断裂所能达到的电压值，采样间隔 0.1μs，采样时间 500μs，触发位置设置为 20%，即实验所记录的数据为触发时刻之前 100μs 和触发时刻之后的 400μs。以瓦斯压力 1.5MPa 和无瓦斯状态下的断裂计测量数据为例，如图 4-29 所示。

统计断裂计断裂过程各电压跃变间的时间，断裂计各电阻丝栅间隔距离固定为 1mm，即可得到裂纹断裂速度，如图 4-30 所示。由实验结果可以看出，试样断裂发生后，随时间的增加，裂纹扩展速度逐渐降低；在不同瓦斯压力赋存状态条件下，随瓦斯压力的增大，裂纹初始扩展速度有明显提高，瓦斯压力由 0MPa 增加至 1.5MPa 时，裂纹初始扩展速度由 78m/s 提高至 239m/s。

4.4.3 断裂过程表面变形

在使用断裂计的方法监测裂纹扩展的同时，为能准确地记录试样裂纹扩展

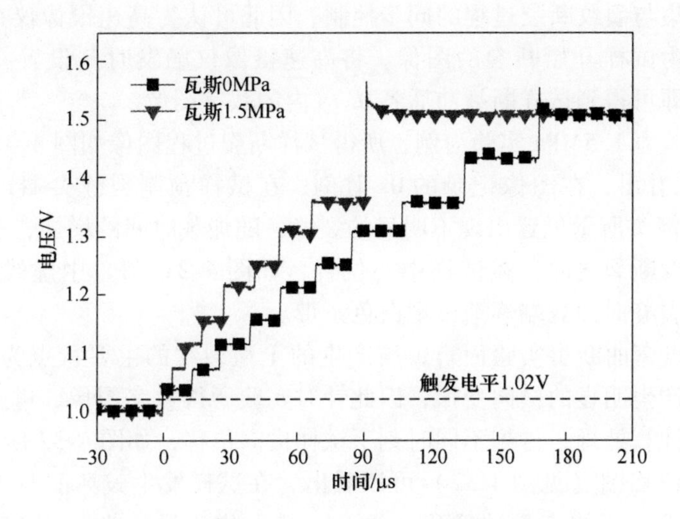

图 4-29 断裂计断裂过程电压 – 时间变化曲线

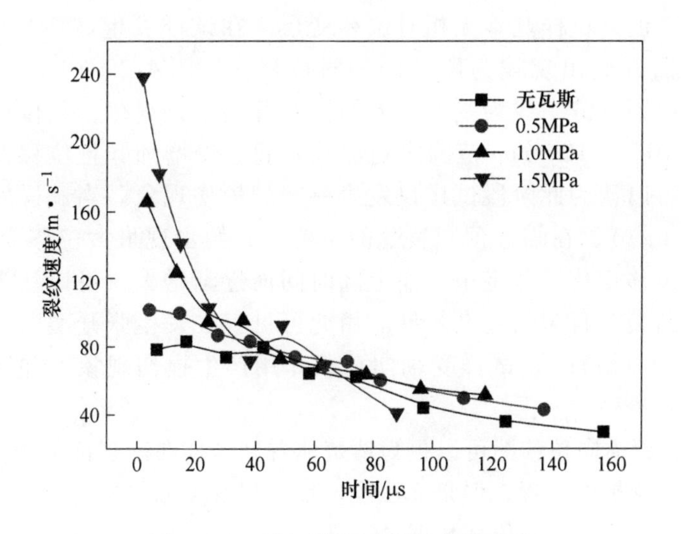

图 4-30 不同瓦斯压力裂纹扩展速度

过程，利用高速摄像仪对试样破坏过程进行摄像，高速摄像仪拍摄区域为 16mm×26mm，区域内像素为 192×224，像素尺寸约 0.08mm，如图 4-25 所示，拍摄速度为 125000fps，每张图像间隔为 8μs。

为能准确将所得图像与裂纹断裂时间相对应，实验时将高速摄像仪与 DL850 示波器连接，示波器在开始记录断裂计断裂电压信号时将产生同步电平信号，以此同步电平信号触发高速摄像仪，控制数字图像记录，示波器输出电平信号延时不大于 1μs，较数字图像记录间隔近似有数量级的差别，进而实现数字图像采集与裂纹断裂过程的同步控制，因此可认为高速摄像仪在零时刻所拍摄的图像为试样开始断裂的图像。将高速摄像仪触发时刻设置在存储时间50%位置，即可得到试样断裂前后各0.7s内的数字图像。

以瓦斯压力1.5MPa实验为例，所得试样断裂过程图像如图4-31所示。由图4-31可以看出，在图像记录的0s时刻，在试样预制裂缝尖端，如图4-31（g）中白色箭头所示位置出现不明显的裂缝，随加载时间的增加，裂纹逐渐扩展。在试样发断裂之前，在试样中心位置，如图4-31（f）中虚线箭头位置，从试样预制裂缝向加载端逐渐出现白色条带。

对于三点弯曲断裂实验而言，所产生的Ⅰ型裂纹的主要特点为张开破坏，破坏时试样产生明显的横向变形，因此针对实验所得数字图像，进行DSCM技术对其进行计算处理，得到不同时刻下试样横向位移，如图4-32所示。

由横向位移图（见图4-32）可以看出，在试样发生破坏前168μs时（见图4-32（a）），试样表面的位移量极小，最大位移量约为0.0015mm，且分布基本无规律可循，可以认为在此刻以及更早的时刻，虽然试样以承受较高的轴向荷载，但是试样基本无相对位移变形。在试样发生破坏之前的100μs内，试样表面开始出现较为明显的相对位移，如图4-32（b）~（f）所示，可以看出是以预制缝中线为基准，向两侧张开的变化规律，其位移量仍然较小，基本在10^{-3}~10^{-2}mm范围内随加载时间缓慢增加，且位移范围无明显增大趋势，可以认为此阶段试样仅发生一定的损伤现象。当试样发生断裂时（见图4-32（g）），在临近预制裂缝的位置，开始出现最大位移为0.3mm的位移量，且位移变化量范围由下而上随时间而逐渐增大，可以认为此时试样发生张开型断裂，且裂纹逐渐扩展。由此可见仅在发生张开型断裂之前的较短时间内（数百微秒），试样受轴向荷载作用产生损伤现象，并逐渐向断裂发展。

由试样表面横向位移图可以更为清楚地看到试样在断裂前的表面位移变化规律，以及裂纹扩展过程，但是无法准确地对裂纹尖端位置进行定位测量。

对数字图像处理后的位移数据进行进一步计算，得到试样在不同时刻下的应变图，如图4-33所示。由横向应变图可以看出，在试样断裂前的损伤阶段，试样的损伤部位范围较固定，应变值较小，基本在10^{-4}~10^{-3}范围内缓慢增加；在裂纹扩展阶段，可以清楚地看出裂纹尖端逐渐扩展。

假定以0.2mm应变值为裂纹尖端位置，统计0~136μs时间范围内裂纹尖端位置，得到相应的时间差内裂纹扩展距离，进而可以得出裂纹扩展速度，如图4-34所示。与断裂计方法测得裂纹扩展速度相比较，可以看出两种测试方法结果近似相同，表明非接触光测技术对高速动态数据图像处理同样具有良好适用性。

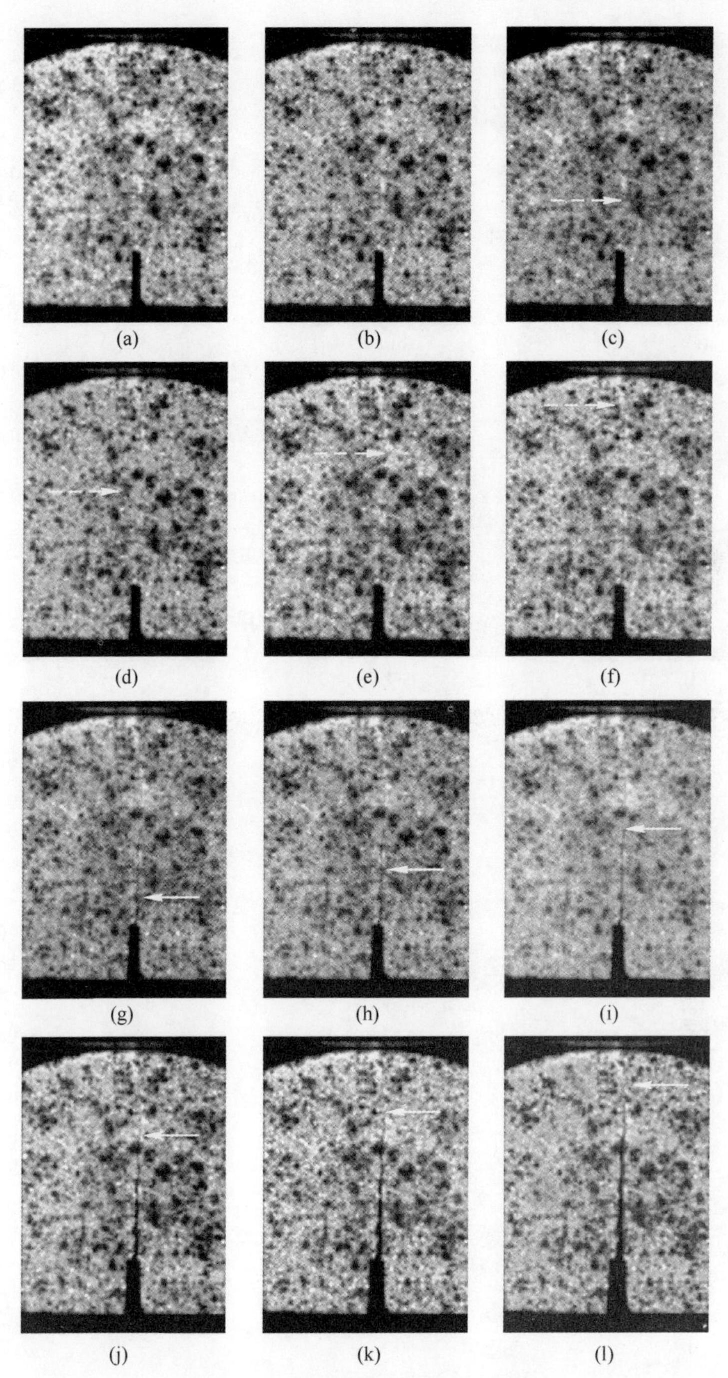

图 4-31 试样断裂过程高速图像

(a) －168μs；(b) －136μs；(c) －104μs；(d) －72μs；(e) －40μs；(f) －8μs；(g) 0μs；(h) 8μs；(i) 40μs；(j) 72μs；(k) 104μs；(l) 136μs

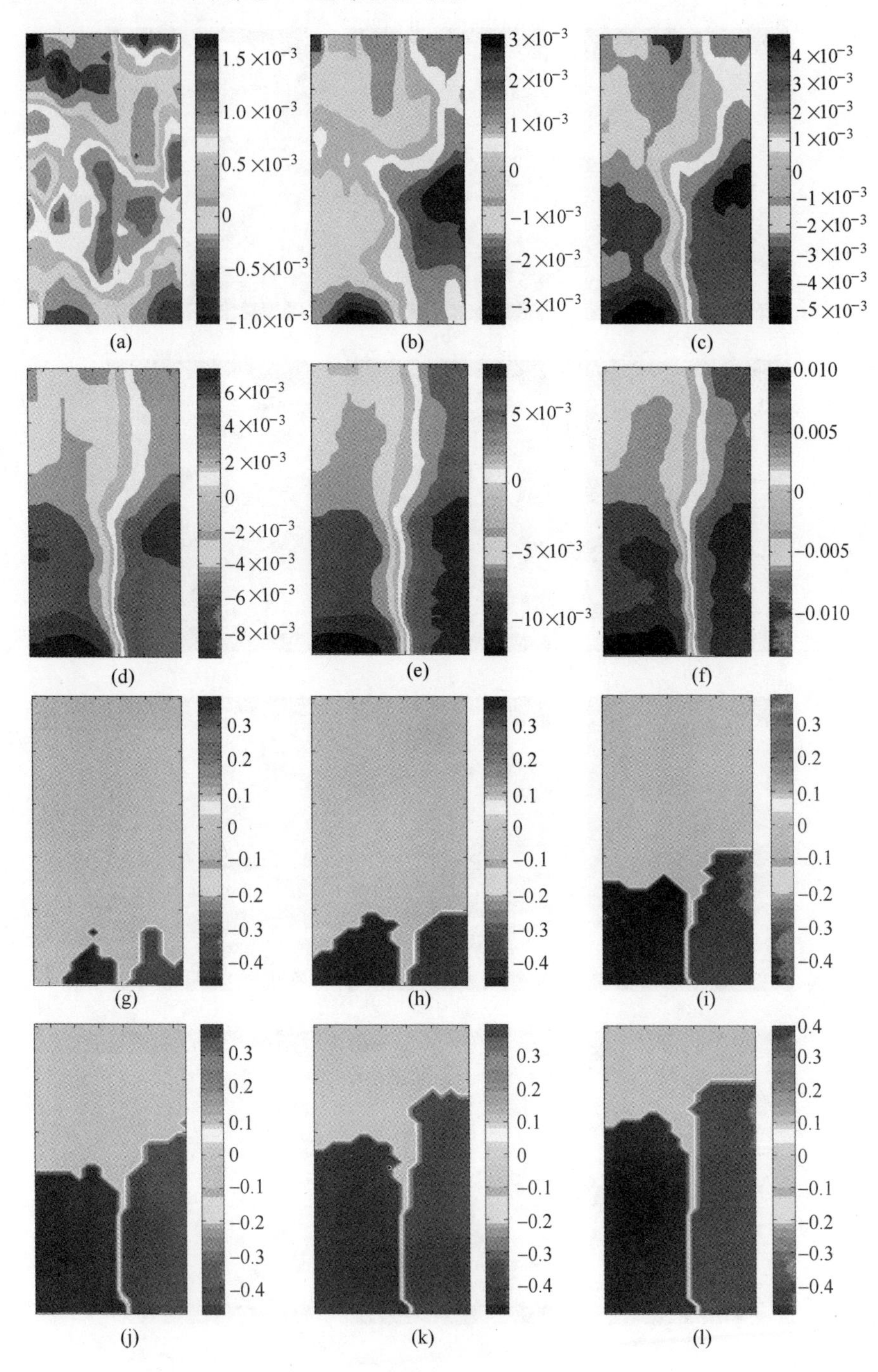

图4-32　横向位移计算结果（单位：mm）

（a）$-168\mu s$；（b）$-136\mu s$；（c）$-104\mu s$；（d）$-72\mu s$；（e）$-40\mu s$；（f）$-8\mu s$；（g）$0\mu s$；（h）$8\mu s$；（i）$40\mu s$；（j）$72\mu s$；（k）$104\mu s$；（l）$136\mu s$

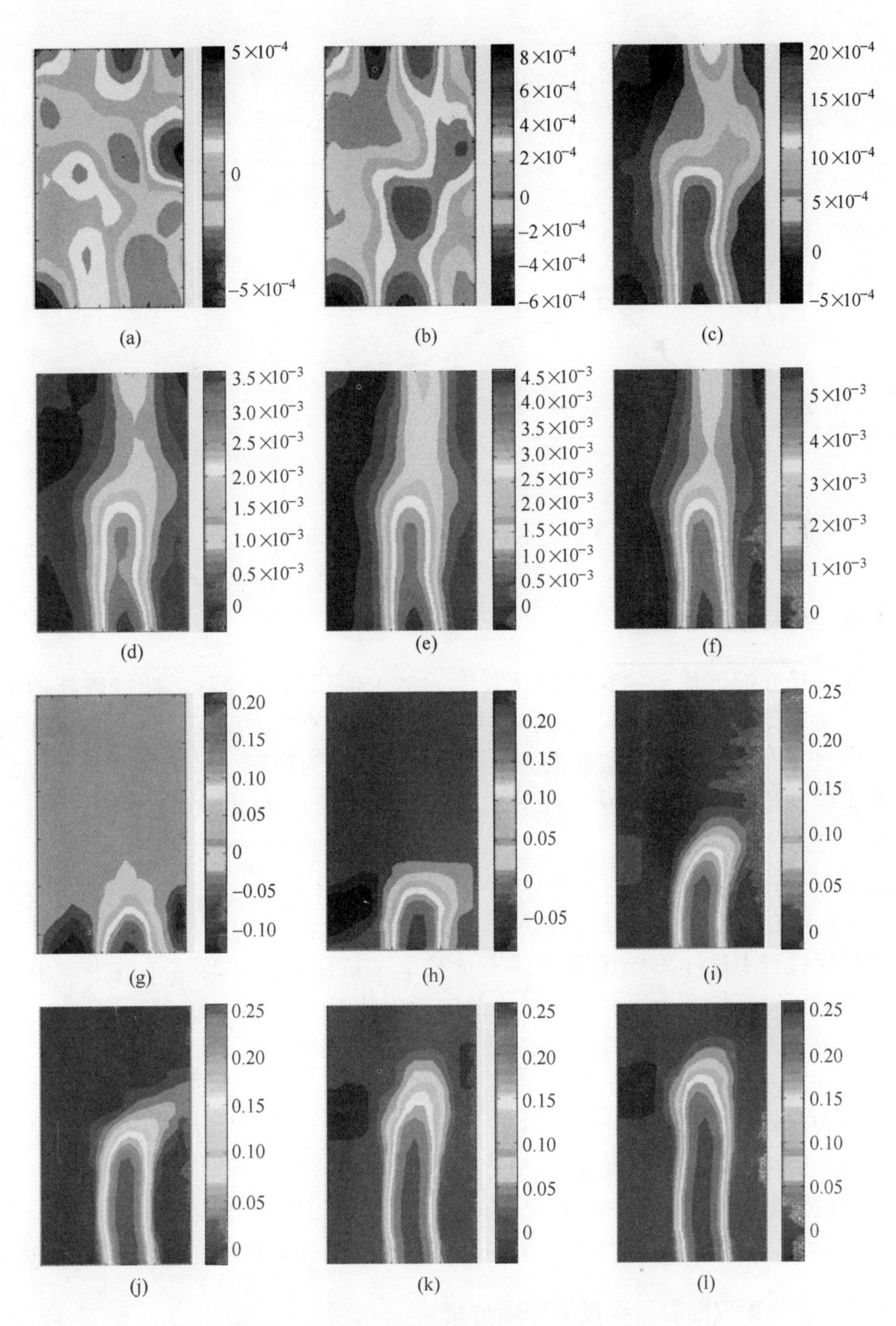

图 4-33 横向应变计算结果（单位：mm）

(a) −168μs; (b) −136μs; (c) −104μs; (d) −72μs; (e) −40μs; (f) −8μs; (g) 0μs; (h) 8μs; (i) 40μs; (j) 72μs; (k) 104μs; (l) 136μs

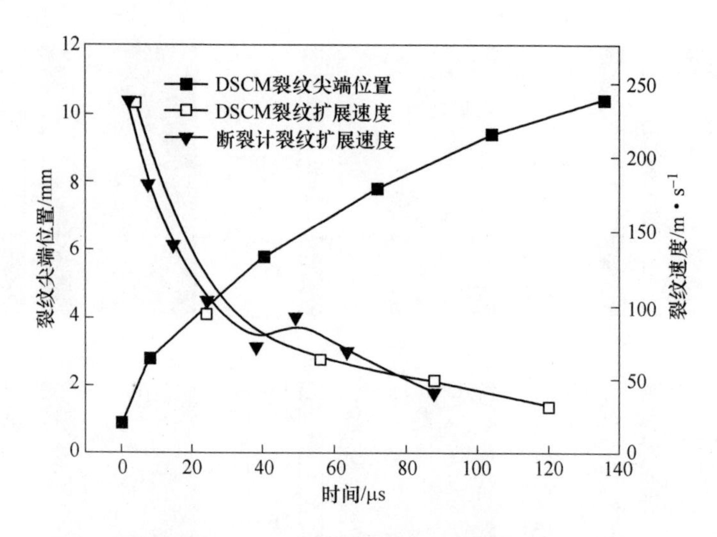

图 4-34 裂纹尖端位置及扩展速度

4.4.4 断裂能耗特性

相同尺寸的试件，含瓦斯煤断裂能的多少能反映含瓦斯煤抵抗破坏的能力，该特征量对于分析含瓦斯煤体破坏的稳定性具有重要意义。对于本章开展的半圆盘三点弯Ⅰ型断裂实验而言，试样破坏过程为典型的平面应变过程。由断裂力学理论，在平面应变条件下，准静态断裂能 G_c 可由欧文公式进行相关计算：

$$G_c = (1 - \nu^2) K_{\mathrm{IC}}^2 / E \tag{4-27}$$

式中，ν 为泊松比；K_{IC}为断裂韧度；E 为弹性模量。

计算过程中试样泊松比和弹性模量按单轴抗压强度试验结果的平均值选取，得到不同瓦斯压力下各试样的准静态断裂能 G_c，如图 4-35 所示。

由图 4-35 可以看出，在无瓦斯赋存状态下实验的 5 个试样断裂能离散性较小，随瓦斯压力的增大，其断裂能离散型逐渐增大的趋势；断裂能随瓦斯压力的增大而降低，这说明相同条件下，瓦斯赋存压力的增大将导致含瓦斯煤岩抵抗破坏的能力降低，因此更容易引发破坏。

通过数据拟合得到含瓦斯煤断裂能量 G_c 与瓦斯压力的函数关系，如下：

$$G_c = 6.58 \times p^3 - 9.51 \times p^2 - 24.36 \times p + 45.98 \tag{4-28}$$

4.4.5 含瓦斯煤断裂过程瓦斯作用分析

本章中试样在瓦斯密封装置内处于瓦斯应力平衡状态，受轴向荷载断裂过程为典型的Ⅰ型断裂，瓦斯压力在裂纹断裂过程无约束作用。由图 4-11 和图

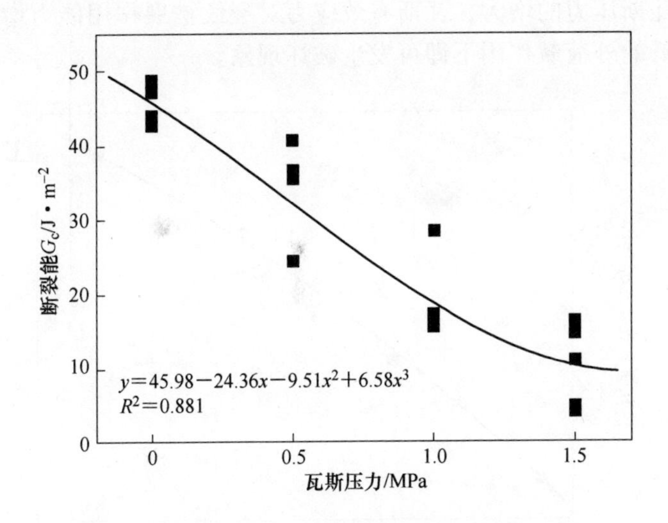

图 4-35 不同瓦斯压力单轴抗压强度及抗拉强度

4-33 可以看出，试样在裂纹尖端位置受轴向荷载作用存在明显的应力的集中和损伤区。因此可以认为，含瓦斯煤在轴向加载力和赋存瓦斯解吸膨胀应力的共同作用下造成裂纹断裂，裂纹尖端的应力强度因子 K_{I} 可定义为：

$$K_{\mathrm{I}}=K_{\mathrm{IF}}+K_{\mathrm{IP}}=Y_{\mathrm{I}}(S/R)\frac{F(t)\sqrt{\pi a}}{2RB}+\sigma_{\mathrm{p}}\sqrt{\pi a} \tag{4-29}$$

式中，K_{IF}为试样受轴向加载力的应力强度因子；K_{IP}为试样受赋存瓦斯作用的应力强度因子；$F(t)$ 为轴向加载力随加载时间的函数；σ_{p} 为赋存瓦斯作用的有效应力。

根据断裂 K 准则，当 K_{I} 大于等于 K_{IC}时，发生裂纹扩展、断裂。断裂韧度作为材料的自身属性，与外界受力环境无关。假设忽略瓦斯对煤岩试样的结构影响，则不同瓦斯压力下试样断裂韧度相同，即试验无瓦斯赋存条件下的平均断裂韧度 K_{IC} 为 0.444MPa·m$^{1/2}$。由式（4-29）对不同瓦斯压力条件下（0.5MPa、1.0MPa 和 1.5MPa）试样的轴向加载力的应力强度因子 K_{IF}进行计算，得到轴向应力加载峰值时平均强度因子分别为 0.344MPa·m$^{1/2}$、0.237MPa·m$^{1/2}$、0.172MPa·m$^{1/2}$，均未达到裂纹扩展断裂标准。可见赋存瓦斯的有效应力在裂纹尖端产生明显的强度因子。由式（4-29）可得最小有效应力 σ_{p} 计算公式如下：

$$\sigma_{\mathrm{p}}=\frac{K_{\mathrm{I}}-K_{\mathrm{IF}}}{\sqrt{\pi a}}=\frac{K_{\mathrm{IC}}-K_{\mathrm{IF}}}{\sqrt{\pi a}} \tag{4-30}$$

不同瓦斯压力煤岩断裂瓦斯有效应力计算结果如图 4-36 所示。由此可见，随瓦斯压力的增大，试样吸附赋存瓦斯在裂纹断裂过程产生的有效应力逐渐增大。因此随瓦斯压力的增大，瓦斯有效应力对裂纹扩展作用能力增大，导致含瓦斯煤在更低的外荷载作用下即可发生破坏现象。

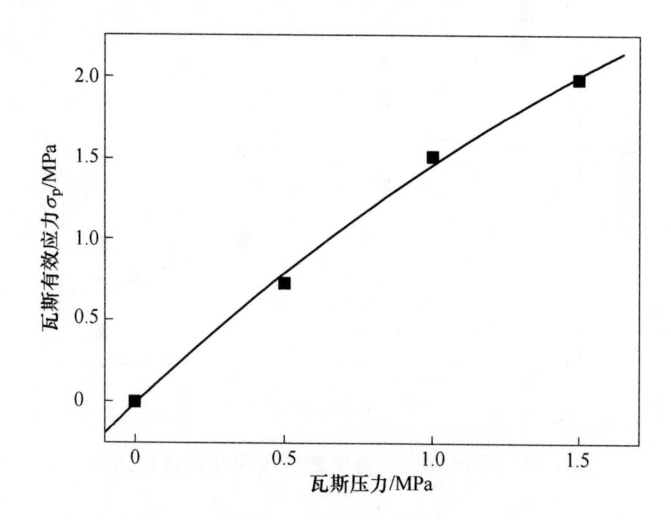

图 4-36　不同瓦斯压力煤岩断裂瓦斯有效应力

参考文献

[1] Du K, Tao M, Li X, et al. Experimental study of slabbing and rockburst induced by true-triaxial unloading and local dynamic disturbance [J]. Rock Mech. Rock Eng., 2016, 49 (9): 3437 ~ 3453.

[2] Cui J, Hao H, Shi Y, et al. Experimental study of concrete damage under high hydrostatic pressure [J]. Cement Concrete Res., 2017, 100: 140 ~ 152.

[3] Ranjith P G, Jasinge D, Choi S K, et al. The effect of CO_2 saturation on mechanical properties of Australian black coal using acoustic emission [J]. Fuel, 2010, 89 (8): 2110 ~ 2117.

[4] Brace W F. Volume change during fractured and frictional sliding: a review [J]. Pure Appl. Geophys, 1978, 116: 603 ~ 614.

[5] Lajtai E Z. Microscopic fracture processes in a granite [J]. Rock Mechanics and Rock Engineering, 1998, 31: 237 ~ 250.

[6] Grady D E, Kipp M E. Geometric statistics and dynamic fragmentation [J]. Journal of Applied Physics, 1985, 58 (3): 1210 ~ 1222.

[7] 谢和平，高峰，周宏伟，等．岩石断裂和破碎的分形研究 [J]．防灾减灾工程学报，2003，3 (4)：1 ~ 9.

[8] 陈卫忠，吕森鹏，郭小红，等．基于能量原理的卸围压试验与岩爆判据研究 [J]．岩石

力学与工程学报，2009，28（8）：1530～1540.

[9] 胡祖祥．深井瓦斯煤层气固耦合致灾机理与防控［D］．淮南：安徽理工大学，2014.

[10] 中华人民共和国国家质量监督检验检疫总局，中国国家标准化管理委员会．煤和岩石物理力学性质测定方法［S］．北京：中国煤炭工业协会，2010.

[11] Chong K P, Kuruppu M D. New specimen for fracture toughness determination for rock and other materials［J］. International Journal of Fractal, 1984, 26（2）: 59～62.

[12] Lin I L, Johnston I W, Choi S K. Stress intensity factors for semi-circular specimens under three-point bending［J］. Engineering Fracture Mechanics, 1993, 44（3）: 363～382.

5 含瓦斯煤动态力学实验研究

在深部矿山开挖工程中，爆破破岩以及快速开挖过程，将产生明显的动力现象如矿震、岩爆等，这些动力现象均与应力脉冲或冲击载荷作用下的岩石破裂和应力波在岩石中的传播有关。为开展这些工程实践与预测和防护自然灾难等实际问题的研究，使得以应力波在岩石中的传播和岩石动态力学性能为主体的岩石动力学得以迅猛发展，并已成为岩土力学与工程界的热门前沿课题。深部煤矿开采过程受大型综合机械化高强度开采以及上覆坚硬顶板断裂的影响，回采煤体同样承受明显的动态加载，因此有必要开展含瓦斯煤动态力学特性的研究。本章利用自主研发的含瓦斯煤气－静－动耦合力学实验系统的基础上，开展不同瓦斯压力、不同静态荷载状态下的含瓦斯煤动态力学特性的实验研究。

5.1 动态力学实验原理

5.1.1 SHPB 实验设备

对于动静态加载具体严格的鉴定仍未统一，一般地，可按加载应变率大小如表 5-1 所示的几种载荷状态。爆破冲击、机械破碎、冲击破碎等工程实践应变率在 $10^1 \sim 10^3 s^{-1}$ 范围的岩石动态性能试验主要是依靠各种霍布金逊压杆（SHPB）装置及变形改进装置来完成[1]。

表 5-1 按应变率分级的载荷状态

应变率 $\dot{\varepsilon}/s^{-1}$	$<10^{-5}$	$10^{-5} \sim 10^{-1}$	$10^{-1} \sim 10^1$	$10^1 \sim 10^3$	$>10^4$
荷载状态	蠕变	静态	准动态	动态	超动态
试验方式	蠕变试验机	普通液压和刚性伺服试验机	气动快加载机	霍布金逊压杆及其变形装置	轻气炮平面波发生器
动静明显区别	惯性力可忽略		惯性力不可忽略		

SHPB 实验装置起源于 1914 年 B. Hopkinson 设计的一种能够测量子弹射击杆端或炸药爆炸时所产生的压力－时间关系的装置，如图 5-1 所示。后经

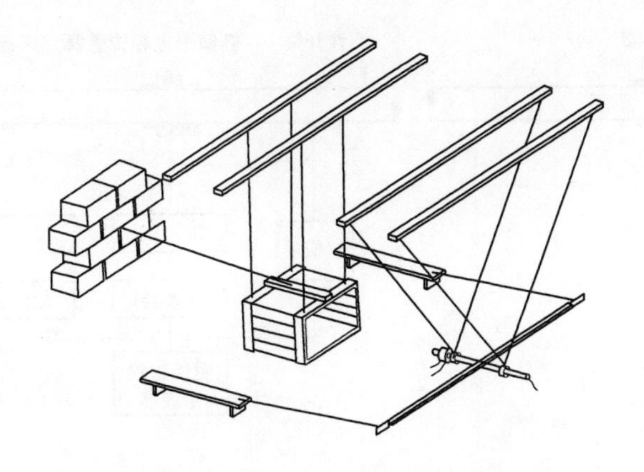

图 5-1 原始 Hopkinson 杆示意图

Davies、Kolsky 等人的不断发展而趋于成熟。1949 年，Kolsky 在发表的"An investigation of the mechanical properties of materials at very high rates of loading"一文中最终建立其目前最常用的分离式 Hopkinson 压杆，如图 5-2 所示。通过增加透射杆将压杆分成两段，将试样置于两根细长入射杆与透射杆之间，通过加速质量块或雷管产生的脉冲冲击波撞击靠近入射杆一端设置的保护性钢砧，被冲击钢砧压缩的脉冲冲击波沿入射钢杆传播至试样与杆接触面后，一部分脉冲波经过试样继续在透射杆中传播，另一部分从试件接触面反射回入射杆，在试样前后方设置圆筒形电容式微音器，用于测量进入试样的应力波，并通过透射压杆末端装备的平行板电容式微音器来测量质点位移，测量信息由波导开关触发示波器记录处理，此法可以测量材料在冲击动荷载作用下的应力 - 应变关系。Kolsky 的这项工作是一项革命性的改进，现代分离式霍布金逊杆都由此发展而来。1963 年，Lindholm 通过在入射杆和透射杆上分别粘贴应变片取代了以往的电容式传感器，给霍布金逊杆的测试方法带来了根本变革。1968 年 Kumar 首次将分离式 Hopkinson 压杆装置引入岩石动态强度的测试之中。随后该技术在岩石力学领域迅速得到广泛推广和应用，在我国自从 20 世纪 80 年代初引入该项测试技术后，随计算机技术的引进，实验数据实现软件自动采集和处理，使 SHPB 装置得到了广泛应用，并取得了大量的研究成果。目前常规分离式霍普金森压杆装置如图 5-3 所示。

5.1.2 SHPB 实验原理

如图 5-3 所示，试验时在发射器内设置好一定气压的推动作用下，冲头将以一定的速度弹出发射器并冲击入射杆，在入射杆端头即产生应力脉冲，按照弹性压杆的一维应力波假设，一维弹性入射波以一定波速在入射杆中传播（脉

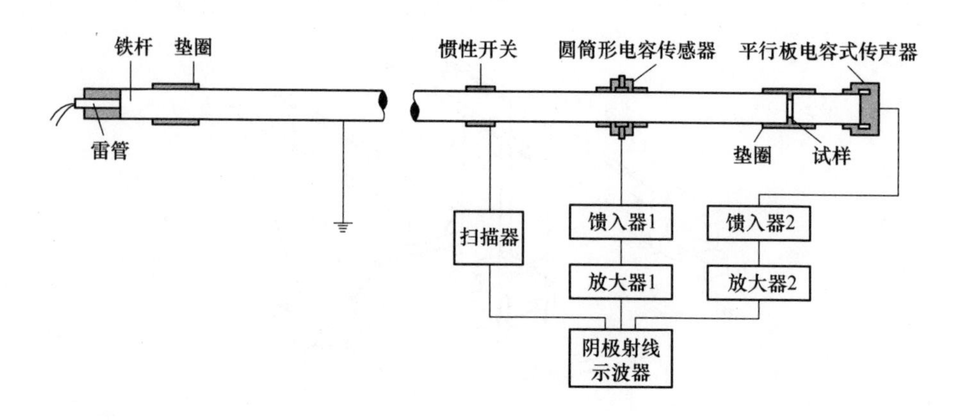

图 5-2 Kolsky 实验装置示意图

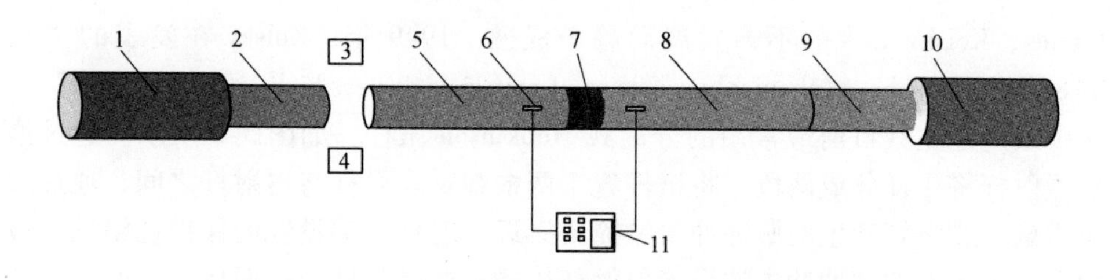

图 5-3 常规分离式 Hopkinson 压杆示意图

1—发射器；2—冲头；3—激光测速器；4—激光接收器；5—入射杆；6—应变片；7—试件；8—透射杆；9—吸收杆；10—缓冲器；11—超动态应变仪

冲信号通过入射杆上的应变片来测量)，当应力波到达入射杆与试样接触端面时，由于试样的波阻抗小于压杆的波阻抗，因此将在其接触面上形成一个反射波和一个透射波，由于岩样较薄，根据试样的应力（应变）均匀性假设，脉冲在试件中传播时间只有几微秒，脉冲经过反复透、反射后，试件和两端面的应力应变达到平衡，其反射波返回到入射杆中（反射脉冲信号同样通过入射杆上的应变片来测量)，另一部分入射波在试样中传播后进入透射杆中继续传播（粘贴在透射杆上的应变片测量透射脉冲信号)，应力波在试件和压杆界面的传播如图 5-4 所示。基于应力波在均匀弹性压杆中的传播理论的两个基本假设，即经多次反射后，两界面的应力应变趋于平衡。

（1）一维应力波在均匀弹性杆中传播假设（平面假设)：认为当应力脉冲在弹性杆中传播时忽略杆中质点的横向运动带来的膨胀、惯性作用，因此应力脉冲在压杆中为一维弹性波。入射杆上的应变片测量入射波及试件接触面处反射回来的反射波，透射杆上粘贴的应变片来测入射波透射过来的透射波。在试验过程中压杆始终是弹性状态，依据一维应力波在均匀弹性杆传播的理论可以

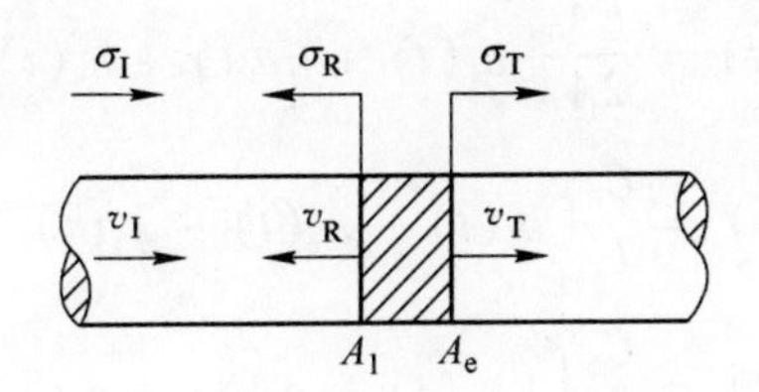

图 5-4 应力波在试件与弹性杆交界面上的作用

得出应变，应力与质点速度有一定的线性关系。

（2）试样的应力（应变）均匀性假设：在 SHPB 试验中根据应力均匀假设，因为试件比较短，所以在试样破坏之前很短的时间内应力可以看似均匀，这样到达应力平衡所需的时间比应力波上升时间要小得多，此时试件就被视为处于均匀变形状态。根据此假设，只记录试件的应变率效应，忽略试件的应力波效应。应力波通过试样弹性压杆接触面时分别产生反射波和透射波，同时应力波在试样中来回传播，当试件处于均匀应力作用下时，试件的平均应力和平均应变才能反映出材料的真正力学特性，这就需要试件中的应力、应变能在短时间内达到稳定从而使试件两端的应力能够一致。

基于上面两个假设，试样的应力即平均应力 $\sigma_s(t)$、试样平均应变 $\varepsilon_s(t)$、平均应变率 $\dot{\varepsilon}_s(t)$ 随时间的变化关系分别为：

$$\begin{cases} \sigma_s(t) = \dfrac{F_1(t) + F_2(t)}{2A_s} \\ \varepsilon_s(t) = \displaystyle\int_0^t \dot{\varepsilon}_s(t)\,\mathrm{d}t \\ \dot{\varepsilon}_s(t) = \dfrac{V_1(t) + V_2(t)}{L_s} \end{cases} \tag{5-1}$$

式中，$F_1(t)$ 为入射杆在试件端面处压力；$F_2(t)$ 为透射杆在试件端面处压力；$V_1(t)$ 为入射杆与试件接触端质点变形速度；$V_2(t)$ 为透射杆与试件接触端质点变形速度；A_s 为试件初始截面积；L_s 为试件初始长度。

按照一维应力波理论有如下关系：

入射杆及试件端面
$$\begin{cases} F_1(t) = E[\varepsilon_i(t) + \varepsilon_r(t)]A_0 \\ V_1(t) = C_0[\varepsilon_i(t) - \varepsilon_r(t)] \end{cases} \tag{5-2}$$

试件及透射杆端面
$$\begin{cases} F_2(t) = E\varepsilon_t(t)A_0 \\ V_2(t) = C_0\varepsilon_t(t) \end{cases} \tag{5-3}$$

式中，E 为弹性压杆弹性模量；C_0 为压杆弹性波速；A_0 为压杆截面积。

将式（5-2）和式（5-3）代入式（5-1）得：

$$\begin{cases} \sigma_s(t) = \dfrac{EA_0}{2A_s}[\varepsilon_i(t) + \varepsilon_r(t) + \varepsilon_t(t)] \\ \dot{\varepsilon}_s(t) = \dfrac{C_0}{L_s}[\varepsilon_i(t) - \varepsilon_r(t) - \varepsilon_t(t)] \\ \varepsilon_s(t) = \dfrac{C_0}{L_s}\int_0^t [\varepsilon_i(t) - \varepsilon_r(t) - \varepsilon_t(t)]\mathrm{d}t \end{cases} \tag{5-4}$$

按应力均匀假设有：

$$\begin{cases} F_1(t) = F_2(t) \\ \varepsilon_t(t) = \varepsilon_i(t) + \varepsilon_r(t) \end{cases} \tag{5-5}$$

则利用入射波 $\varepsilon_i(t)$、反射波 $\varepsilon_r(t)$ 和透射波 $\varepsilon_t(t)$ 中任意两个均可以得到试样的应力、应变、应变率。如利用入射波、透射波得到：

$$\begin{cases} \sigma_s(t) = \dfrac{EA_0}{A_s}\varepsilon_t(t) \\ \varepsilon_s(t) = \dfrac{2C_0}{L_s}\int_0^t [\varepsilon_i(t) - \varepsilon_t(t)]\mathrm{d}t \\ \dot{\varepsilon}_s(t) = \dfrac{2C_0}{L_s}[\varepsilon_i(t) - \varepsilon_t(t)] \end{cases} \tag{5-6}$$

式（5-4）和式（5-6）分别为三波法和两波法表示的应力、应变、应变率。

5.1.3 动静组合加载装置的适用性

为模拟深部含瓦斯煤的真实受力环境，在常规 SHPB 设备的冲击加载的基础上还需要增加静态应力加载，静态荷载加载方式如图 5-5 所示，在 SHPB 的基础上增加了由框架结构、轴压端帽、加压装置组成的轴向动静组合加载机构，利用手动液压泵实现轴向静压加载。

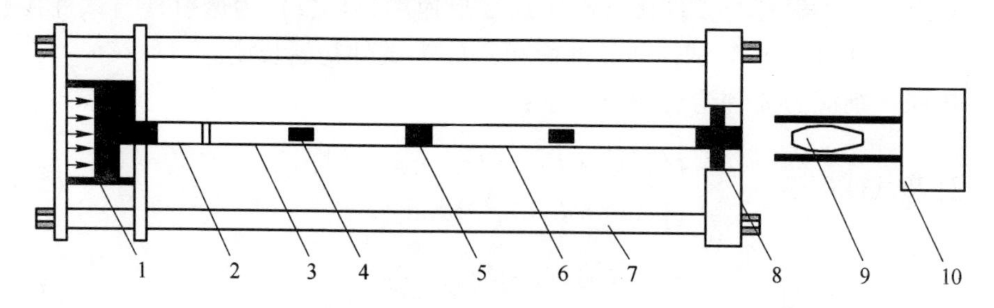

图 5-5 动静组合加载 SHPB 装置平面示意图

1—轴向静压加载装置；2—缓冲杆；3—透射杆；4—电阻应变片；5—岩石试件；6—入射杆；7—支架；8—轴压端帽；9—异型冲头；10—高压气室

增加静态荷载机构改进后的试验装置是否仍能满足 SHPB 压杆中一维应力波假设要求是设备改进的关键因素。为此进行相关分析，假设取压杆中微元体，其在轴向静压，冲击荷载，作用下的受力变形如图 5-6 所示[2]。

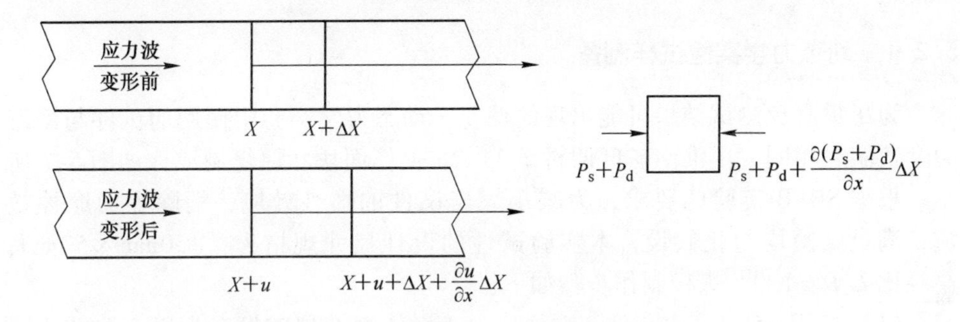

图 5-6 弹性压杆受力分析图

SHPB 装置压杆的屈服极限远大于轴向静压，认为压杆的密度和弹性模量在冲击波传播过程中不发生改变。由于压杆的长径比足够大，可以认为在加载过程中杆件的横截面保持平面状态则微元体在轴向静压、冲击动压组合作用下的应力 - 应变关系为：

$$-\frac{\partial(P_s+P_d)}{\partial x}\Delta X=\rho A\Delta X\frac{\partial^2 u}{\partial t^2} \tag{5-7}$$

式中，A 为弹性压杆横截面积；ρ 为压杆密度；u 为微元体在 X 方向位移；P_s 为轴向静压；P_d 为冲击动压。

由胡克定律及应力 - 应变关系得：

$$\begin{cases}\varepsilon=-\dfrac{\partial u}{\partial x}\\ \sigma=\dfrac{P_s+P_d}{A}\\ \sigma=E\varepsilon\end{cases} \tag{5-8}$$

轴向静压在杆的方向上不随时间改变则：

$$\frac{\partial P_s}{\partial x}=\frac{\partial P_s}{\partial t}=0 \tag{5-9}$$

综合以上各式得：

$$\rho\frac{\partial^2 u}{\partial t^2}=E\frac{\partial^2 u}{\partial x^2} \tag{5-10}$$

式（5-10）与一维波动经典方程一致，通过上诉分析证明基于 SHPB 改进后的动静组合加载 SHPB 装置一维应力波基础理论同样适用。

5.2 含瓦斯煤静态加载实验设备与方法

5.2.1 动态力学实验试样制备

为尽量避免测试结果可能出现的偏差，动态力学实验中使用的试件与静态力学实验在相同，由淮南矿区谢桥矿 11426 工作面块状原煤制成，如图 5-7 所示。根据 SHPB 实验的要求，为减小煤岩试件的惯性效应，消除界面摩擦效应，满足试验均匀化假设，本实验试件的设计尺寸规格为：ϕ50mm × 50mm，高径比 $L/D=1.0$。煤样制作步骤如下：

（1）选用 ϕ50mm 空心钻头取样，由于煤体内有裂隙发育为提高取芯成功率采用中高速湿钻作业，如图 5-7 所示。

（2）首先选取煤芯完整无明显损伤的样品（见图 5-8），切割截取长度 50mm 的粗样，再用打磨机精加工，要求成品煤样的断面平整度小于 0.05mm，平行度 0.01mm 以上。

（3）选取符合实验要求的试样，两端涂抹凡士林润滑并分组备用，如图 5-9 所示。

图 5-7 现场采集的原煤

5.2.2 动态实验方案

本章实验使用含瓦斯煤动态力学实验系统研究不同瓦斯压力下（0MPa、0.5MPa、1.0MPa、1.5MPa）气体压力对煤岩动态力学特性的影响。本研究将含瓦斯煤动态力学实验分为两组。第一组，研究瓦斯压力对煤动态力学性能的影响。在不施加轴向静力预压的情况下，试样处于 0MPa、0.5MPa、1.0MPa 和

图 5-8 钻取煤芯

图 5-9 获取的煤芯和试件照片

1.5MPa 4 个初始瓦斯压力。第二组，研究轴向静载荷对含气煤动态力学性能的影响。瓦斯压力同样分为 0MPa、0.5MPa、1.0MPa 和 1.5MPa，在不同初始气体压力下，采用轴向静力加载装置对煤样施加一定轴向预应力，含瓦斯煤试样处于的临界扩容状态。由第 4 章关于含瓦斯煤静态力学特性的研究表明，含瓦斯煤临界扩容应力随初始瓦斯压力的增加而降低，其瓦斯压力分别为 0MPa、0.5MPa、1.0MPa 和 1.5MPa 时，含瓦斯煤临界扩容应力分别为 23.54MPa、19.70MPa、15.71MPa、13.75MPa。所以，在冲击加载前，不同初始瓦斯压力状态下，对试样分别施加不同的轴向预应力，确保含瓦斯煤试样处于相似的临界扩容状态。因此，通过无轴向静载荷和处于临界扩容应力状态的含瓦斯煤试样的动态加载实验，分别对深部含瓦斯煤层无采动应力影响的煤体（工作面较远）和有明显采动应力影响的煤体（工作面附近）进行实验研究。

具体实验步骤如下：首先将煤样夹在两个压力杆（即入射杆和传动杆）之间，通过轴向静压加载使煤样与两个压力杆紧密接触，确保实验过程压力杆位置固定。然后将气体密封装置密封，并将空气通过气泵排出，然后将瓦斯气体通过供气装置充入气体密封装置中，在室温下保持气体状态24h，保证试样处于饱和吸附状态，之后开展SHPB动态加载试验。在研究轴向静载荷对含气煤动态力学性能的试验中，在冲击加载之前，通过轴向静压加载装置对试件施加轴向静态荷载。本次实验重点研究初始瓦斯压力和轴向静载应力对含瓦斯煤动态力学特性的影响规律，因此，实验过程中保持相似的动态冲击加载，实验过程中通过冲头速度控制动态加载应力波，冲头速度约为9m/s。

5.3 动态实验结果分析

5.3.1 动态加载应力波

含瓦斯煤动态力学实验中典型的动态加载应力波监测信号结果，如图5-10所示。由于冲头的速度相似，所获得的冲击入射波均相似，反射波和透射波受初始瓦斯应力的影响，具有明显的区别，随瓦斯压力由0MPa增大到1.5MPa，反射波的峰值呈现逐渐增大的变化趋势，而透射波的峰值则呈现逐渐减小的变化趋势，同时透射波的波长发生较为明显的增长的趋势。对比不同轴向静载的应力波的影响可以发现，受轴向静载的影响，反射波的初始电压有明显的区别。无轴向静载时，反射波的初始电压基本与入射波和透射波的初始电压相似；而施加轴向静载后，入射波和透射波的初始电压相似，反射波的初始电压则明显地大于入射波和透射波的初始电压，且随轴向静载应力的增大而增大（见图5-10（b）），这主要是由于轴向静载对压杆产生的弹性变形造成的。同时在入射波和透射波结束时呈现明显的卸载波，其电压值均大于应力波起始电压值，且呈现随轴压增大而增大的趋势，提取反射波和透射波结束时卸载波的电压峰值，并对其进行线性回归拟合，如图5-11所示，可以看出，入射波和透射波的卸载波峰值与轴向静载呈现正相关性。动静组合SHPB实验中应力波的产生，是一个典型的两个相同材料的同轴碰撞问题。根据一维应力波理论，当杆A和杆B发生共轴撞击时，如图5-12所示，分别在杆A和杆B中产生右行和左行的弹性应力波。当右行弹性应力波传播至杆A中的自由端面时，由于杆A无静载预应力，因此将产生应力为零、速度加倍的反射卸载波。根据连续性条件和作用力与反作用力条件，在撞击界面处，两杆质点速度和应力相同。当该应力为零的卸载波传播至杆件B时，将导致杆件B内的应力为零。杆B在应力波加载之前，受与冲击方向相同的外荷载作用，存在一定的静载压缩预应力，且产生静载预应力时外荷载恒定存在，在应力波加载结束之后，外荷载将对杆B施加一定的压力，恢复杆B内的静载预应力状态。因此，SHPB静载预

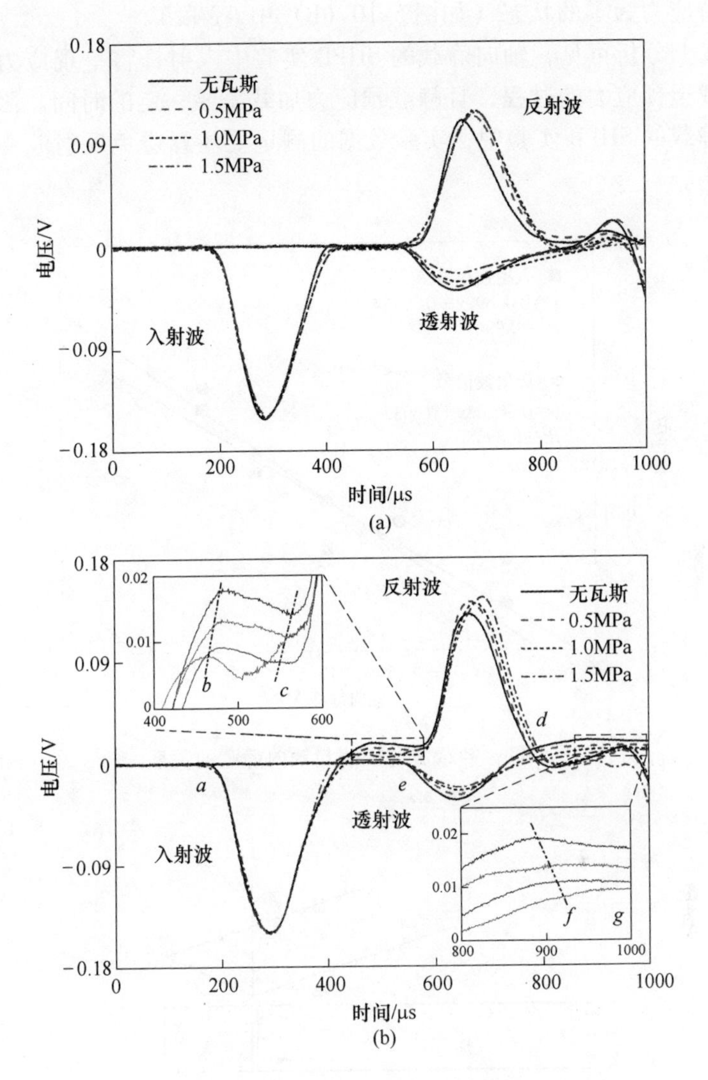

图 5-10 不同瓦斯压力下典型冲击加载波形图

(a) 无轴向静载；(b) 临界扩容应力

应力状态的实验过程，在不考虑反射波的前提下，入射杆的应力变化过程应该为：首先为静载预应力状态，然后应力波产生动态加载，然后应力卸载至为零（如图 5-10（b）中 *a-b* 段），然后加载至静载预应力状态；受反射应力波影响，卸载波之后的加载段可能没有达到静载预应力状态就出现反射应力波（如图 5-10（b）中 *b-c* 段）。透射杆中的应力变化过程与入射杆相似，值得注意的是，如果试样在冲击实验过程发生破坏，失去承载能力，透射杆的应力变化过程为：首先为静载预应力状态，然后应力波产生动态加载，然后应力卸载至为零，并保持应力为零的状态（如图 5-10（b）中 f-g 段）。

通过以上分析可见，轴向静载的 SHPB 实验中入射杆将呈现应力卸载至零并重新加载至预应力的过程，且静载预应力加载需要一定的时间。因此在开展具有轴向静载的 SHPB 实验中，实验数据的测量要注意避免反射波受静载应力加载的影响。

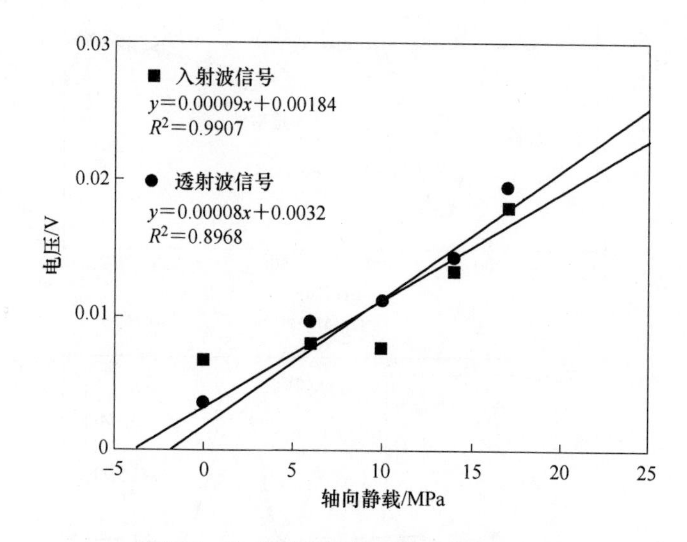

图 5-11　卸载波电压值与轴向静载的关系

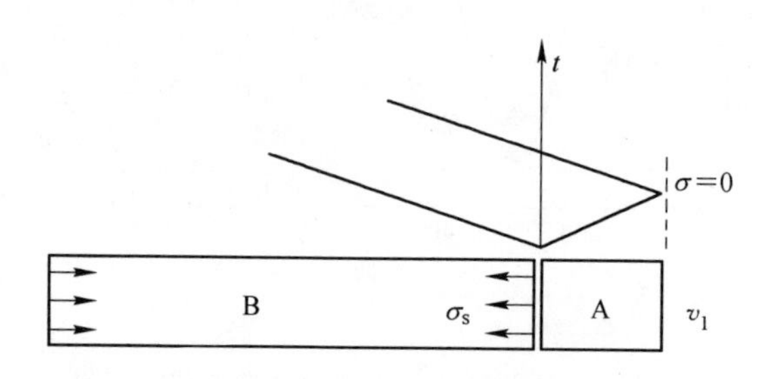

图 5-12　撞击瞬态波的特征线图

在 SHPB 动态力学实验中，试样两端的应力均匀性是决定实验有效性的关键因素，根据一维应力波理论，对试样两端的应力情况进行分析，试样两端的应力如图 5-13 所示。可以看出，以半正弦波加载，在不同轴向静载的实验中，试样两端的应力具有较好的相似，基本满足实验的应力均匀性的要求。

5.3.2　含瓦斯煤动态破坏形态

含瓦斯煤试样在不同加载条件下的动态破坏模式如图 5-14 所示。所有试

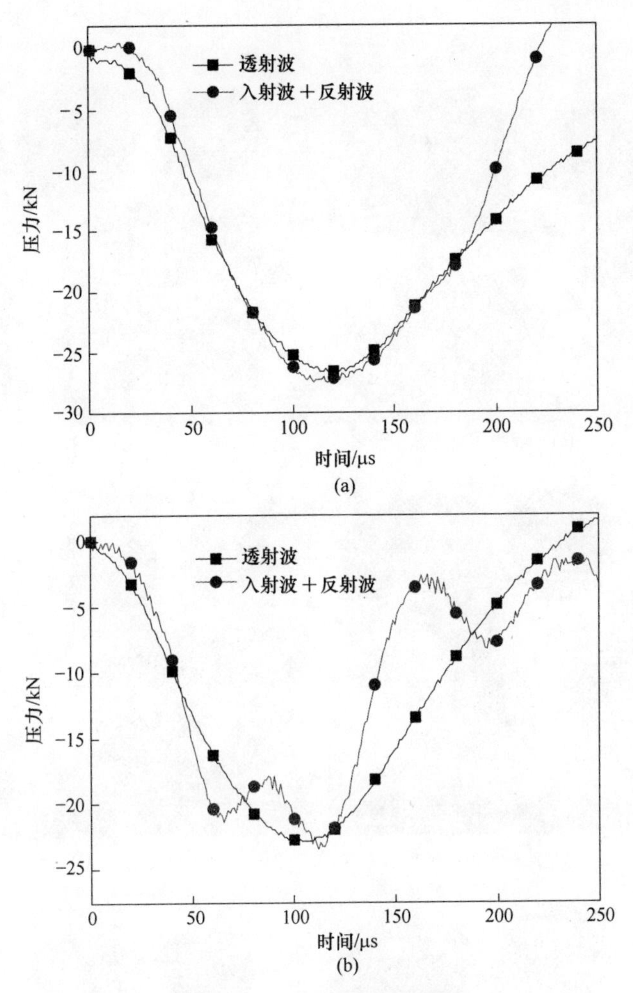

图 5-13 动态应力平衡检查

（a）无轴向静载冲击；（b）临界扩容状态冲击

(a)

(b)

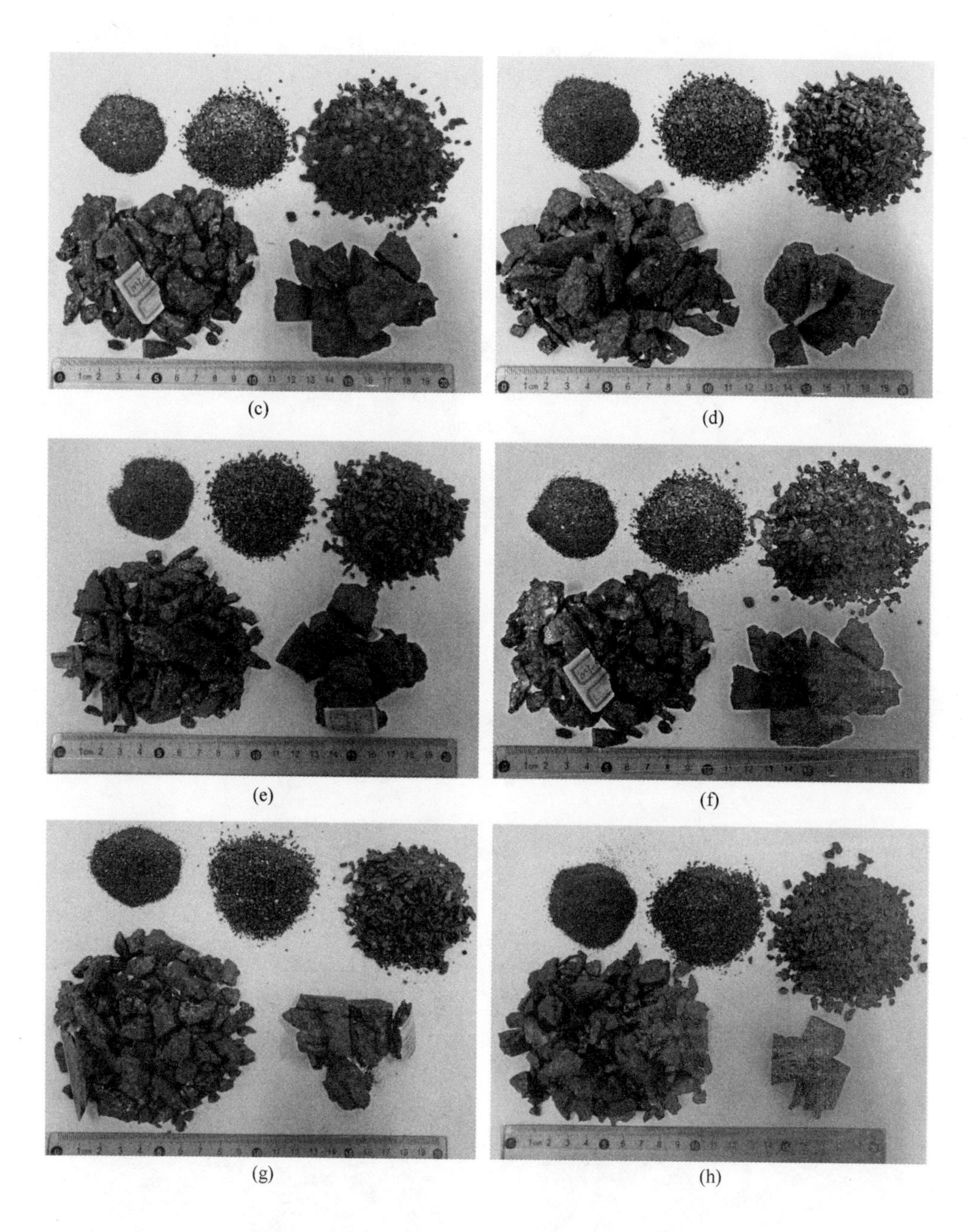

图 5-14 不同瓦斯压力下含瓦斯煤动态破坏形态

(a)~(d)无轴向静载:初始瓦斯压力分别为0MPa、0.5MPa、1.0MPa和1.5MPa,应变率分别为113.5s^{-1}、112.6s^{-1}、128.3s^{-1}和133.3s^{-1};(e)~(h)临界扩容应力:初始瓦斯压力分别为0MPa、0.5MPa、1.0MPa和1.5MPa,应变率分别为115.8s^{-1},123.8s^{-1},130.8s^{-1},130.6s^{-1}

样均体现出较为典型的脆性破坏模式。结果表明，含瓦斯煤动态加载碎块的大小和数量与瓦斯压力和轴向预应力静载有关。随着初始瓦斯压力的增大，对含瓦斯煤的破坏也越来越严重。试件碎片大小的分布可以作为评价损伤程度和破碎程度的关键指标。分别使用0.45mm、2mm、5mm、20mm的网筛筛分统计冲击碎片的筛下质量。得到不同实验条件下含瓦斯煤样碎片质量分布，如图5-15所示。可以看出，在相似的冲击速度下，小颗粒的百分比随初始瓦斯压力的增加而增加。在相同的初始瓦斯压力条件下，临界扩容应力下的含瓦斯煤比没有轴向静力预应力静载的试样具有更高的小颗粒百分比，表明处于临界扩容应力的含瓦斯煤在动态加载条件下比无静载作用的破碎程度更高。如 Ottiger 及 Day 所报道的，吸附气体导致煤的体积增大，其增量与初始气体压力呈正相关[3,4]。同样，临界扩容应力也导致煤样的微裂纹处于膨胀张开状态。孔隙或微裂纹的膨胀张开状态为动态加载下的应力波提供了良好的反射界面。这些界面的入射波反射的拉伸波进一步增强了微裂纹的生长。结果表明，在动载荷作用下，瓦斯压力和轴向静力预压均能促进裂纹的扩展和断裂。含瓦斯煤的这种动态力学特征很好地解释了在瓦斯抽排作业中，瓦斯压力越高，在钻杆冲击扰动下喷孔煤粉颗粒越细的事实。

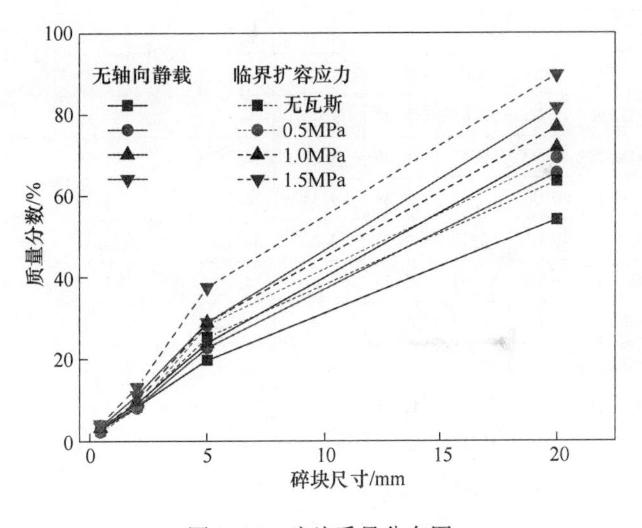

图5-15 碎片质量分布图

5.3.3 含瓦斯煤动态应力－应变特性

通过一维应力波理论使用三波法计算动态抗压强度 σ_d 和动态应变 ε_d 等动态力学参数。计算结果见表5-2，不同瓦斯压力下动态应力－应变曲线如图5-16所示。

表 5-2　不同瓦斯压力下试样动态力学参数

试样			长度 /mm	直径 /mm	质量 /g	波速 /m · s^{-1}	动态强度 /MPa	平均值 /MPa	最大应变 /%	平均值 /%	弹性模量 /GPa	平均值 /GPa
无轴向静载	GP 0MPa	I-0-1	49. 14	50. 44	111. 29	8. 22	43. 77	41. 78	1. 18	1. 18	54. 7	50. 88
		I-0-2	49. 07	50. 43	139. 9	8. 59	38. 71		1. 24		45. 67	
		I-0-3	49. 12	50. 65	110. 96	9. 07	40. 38		1. 07		44. 82	
		I-0-4	49. 09	50. 22	142. 29	8. 06	44. 24		1. 22		58. 31	
	GP 0. 5MPa	I-0. 5-1	49. 06	50. 71	137. 89	9. 43	39. 33	38. 71	1. 26	1. 26	26. 61	32. 49
		I-0. 5-2	49. 05	50. 35	146. 16	8. 82	42. 84		1. 19		35. 42	
		I-0. 5-3	49. 09	50. 26	145. 71	9. 12	35. 27		1. 23		39. 17	
		I-0. 5-4	49. 04	50. 55	132. 04	9. 01	37. 39		1. 35		28. 75	
	GP 1. 0MPa	I-1. 0-1	49. 09	50. 44	135. 17	9. 85	34. 97	34. 17	1. 37	1. 37	19. 57	21. 41
		I-1. 0-2	49. 06	50. 84	135. 17	8. 79	30. 21		1. 39		26. 53	
		I-1. 0-3	49. 07	50. 27	120. 96	9. 15	35. 29		1. 45		23. 86	
		I-1. 0-4	49. 09	50. 19	146. 11	9. 42	36. 21		1. 27		15. 68	
	GP 1. 5MPa	I-1. 5-1	49. 03	50. 22	145. 45	9. 3	30. 56	32. 21	1. 39	1. 38	15. 43	16. 89
		I-1. 5-2	49. 07	50. 99	106. 17	8. 51	32. 74		1. 35		15. 7	
		I-1. 5-3	49. 08	50. 67	141. 16	8. 72	36. 15		1. 45		22. 65	
		I-1. 5-4	49. 06	50. 83	116. 22	9. 42	29. 37		1. 32		13. 76	
临界扩容应力	GP 0MPa	D-0-1	49. 09	49. 67	136. 29	8. 83	36. 06	34. 69	1. 23	1. 23	27. 52	29. 72
		D-0-2	49. 06	50. 56	127. 28	9. 34	38. 27		1. 26		36. 74	
		D-0-3	49. 03	50. 15	129. 36	9. 23	30. 15		1. 14		30. 82	
		D-0-4	49. 06	50. 54	142. 73	9. 51	34. 28		1. 29		23. 78	
	GP 0. 5MPa	D-0. 5-1	49. 09	50. 45	133. 87	9. 85	31. 22	31. 81	1. 39	1. 40	15. 85	15. 02
		D-0. 5-2	49. 04	49. 62	129. 37	9. 33	28. 54		1. 27		12. 85	
		D-0. 5-3	49. 05	50. 72	141. 71	9. 38	32. 16		1. 45		10. 76	
		D-0. 5-4	49. 08	50. 47	134. 82	8. 96	35. 3		1. 48		20. 61	
	GP 1. 0MPa	D-1. 0-1	49. 09	50. 45	135. 64	9. 45	26. 96	26. 39	1. 48	1. 47	11. 85	12. 99
		D-1. 0-2	49. 06	50. 34	111. 29	9. 42	28. 12		1. 46		14. 73	
		D-1. 0-3	49. 09	50. 41	142. 16	9. 95	25. 36		1. 52		16. 93	
		D-1. 0-4	49. 09	50. 69	137. 82	9. 65	25. 12		1. 4		8. 47	
	GP 1. 5MPa	D-1. 5-1	49. 05	50. 74	136. 37	9. 5	23. 54	23. 36	1. 51	1. 51	12. 55	10. 73
		D-1. 5-2	50. 37	50. 08	128. 25	9. 91	26. 37		1. 55		10. 63	
		D-1. 5-3	49. 06	51. 22	140. 14	9. 61	20. 73		1. 47		7. 92	
		D-1. 5-4	49. 12	50. 27	135. 79	9. 67	22. 78		1. 5		11. 83	

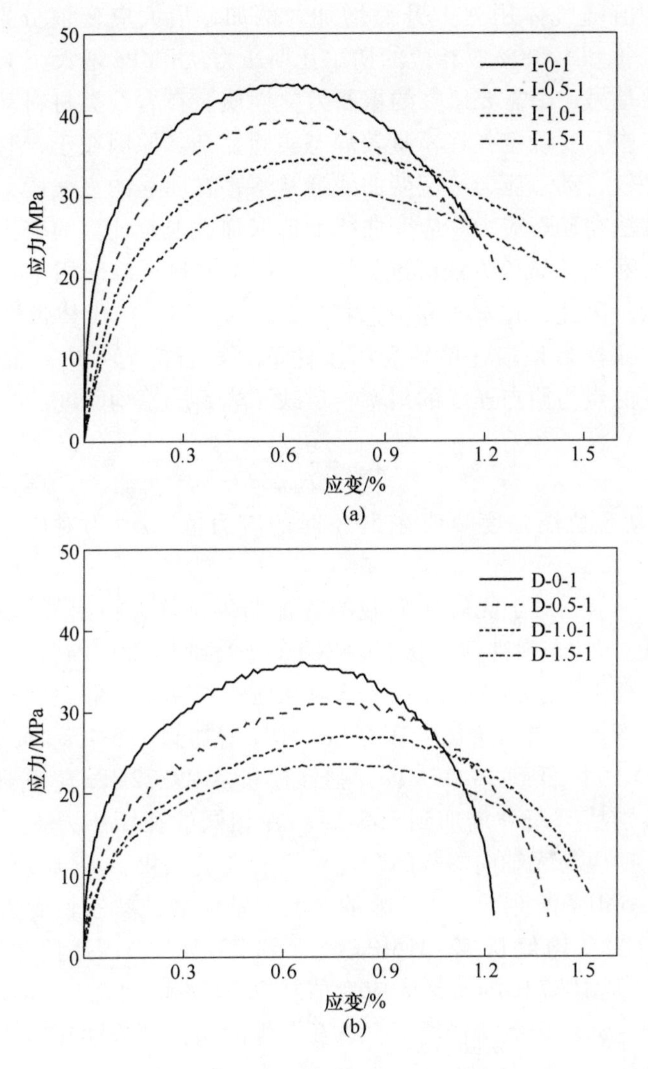

图 5-16 煤样动态应力－应变曲线

（a）无静载冲击；（b）临界扩容状态冲击

如表 5-2 和图 5-16 所示，初始瓦斯压力影响煤样的动力强度和破坏应变。含瓦斯煤动态强度随初始瓦斯压力增大而减小，最大应变随初始瓦斯压力增大而增大。如图 5-16（a）和表 5-2 所示，在无轴向静载的应力－应变曲线中，随着瓦斯压力从 0MPa 增加到 1.5MPa，平均动强度从 41.78MPa 逐渐降低至 32.21MPa。实验结果与含瓦斯煤静态力学实验结果一致，表明瓦斯赋存状态在动态荷载和静态荷载作用下，对含瓦斯煤力学特性的影响具有相似的作用。此外，还发现应力－应变曲线的斜率随着初始气体压力的增大而减小，然而，最大应变平均值随气体压力上升而增加。例如，最大应变值分别为 1.18%，1.26%，1.37% 和 1.38%，相应的初始瓦斯压力从 0MPa 增大至 1.5MPa。

弹性模量是另一个需要研究的重要力学性质。在岩石类材料动态实验的应力－应变曲线中，要确定弹性模量较静态实验复杂。原因在于，与静态应力－应变曲线相比较，动态应力－应变曲线通常不存在明显的直线段，同时目前还没有规范的方法在动态应力－应变曲线上选取弹性模量计算的应力起始点和终点。根据《工程岩体试验方法标准》[5]，岩石类材料可以使用平均弹性模量和割线模量表示。因此，在本研究中选择割线模量（E_{50}）代替弹性模量进行计算和比较。割线模量是指在单轴受压条件下，岩石应力－应变曲线上对应于 50% 抗压强度的点与原点连线的斜率，反映了岩石的平均刚度。

$$E_{50} = \frac{\sigma_{d50}}{\varepsilon_{d50}} \tag{5-11}$$

式中，σ_{d50} 为动态抗压强度峰值在 50% 时的应力值，ε_{d50} 为对应于 σ_{d50} 的轴向应变。

如表 5-2 所示，对于无轴向静载的含瓦斯煤试样，初始气体压力从 0MPa 增加到 1.5MPa，动态弹性模量从 50.88GPa 降低到 16.89GPa。

在轴向静载作用的临界扩容状态下含瓦斯煤与无轴向静载状态下具有相似的变化趋势。例如，当初始瓦斯压力从 0MPa 增加到 1.5MPa 时，动态强度平均值从 34.69MPa 降低到 23.36MPa，弹性模量从 29.72GPa 降低到 10.73GPa，最大应变值分别从 1.23% 增加到 1.51%。在相同的瓦斯压力下，对比临界扩容状态下含瓦斯煤与无轴向静载的含瓦斯煤的实验结果，可以发现。在初始瓦斯压力均为 1.5MPa 条件下，当实验条件由无轴向静载状态转变为临界扩容状态时，动态强度平均值从 32.21MPa 减少到 23.36MPa，弹性模量平均值从 16.89GPa 降低至 10.73GPa，最大应变值从 0.0138 增加至 0.0151，结果还表明，在气－静－动耦合载荷作用下，含瓦斯煤的塑性部分随瓦斯压力的增大和轴向静载荷的增大而增大。

5.3.4　含瓦斯煤强度应变率特性

由于材料的应变率效应，动态强度（σ_d）通常高于静态强度（σ_c），其动态强度和静态强度的比值被定义为强度的动态应力增长因子（*DIF*）。

$$DIF = \frac{\sigma_d}{\sigma_c} \tag{5-12}$$

式中，σ_d 为煤样动态抗压强度；σ_c 为煤样静态抗压强度。

表 5-3 给出了含瓦斯煤在不同初始瓦斯压力下的 *DIF* 计算结果。应变速率对不同初始瓦斯压力在无轴向静载作用下试样抗压强度的影响，如图 5-17 所

示。可以看出含瓦斯煤试样在应变率为 105.7 ~ 134.7s^{-1}范围内的动态抗压强度对应变速率具有明显的敏感。具有较高初始瓦斯压力的含瓦斯煤试样对应变速率更敏感。图 5-17 同样也包括了部分岩石试件的 SHPB 实验数据。可以看出，与本研究得到的含瓦斯煤数据相比，岩石试件动态抗压强度的 *DIF* 对应变速率的敏感性较低。此外，在相似应变率下，对无轴向静载预压和临界扩容状态的动态实验结果进行了比较，如图 5-18 所示。含瓦斯煤在无轴向静载预压时，当初始瓦斯压力由 0MPa 增加到 1.5MPa 时，其抗压强度的平均 *DIF* 由 1.78 增加到 2.34。然而，在临界扩容状态下，抗压强度的平均 *DIF* 从 1.48 增加到 1.71，比没有轴向静载的应变率敏感性要小。

表 5-3 动态强度的 *DIF* 值

试样		无轴向静载			试样	临界扩容应力		
		应变率/s^{-1}	*DIF*	平均 *DIF*		应变率/s^{-1}	*DIF*	平均 *DIF*
GP 0MPa	I-0-1	113.5	1.86	1.78	D-0-1	115.8	1.53	1.48
	I-0-2	110.6	1.64		D-0-2	113.6	1.63	
	I-0-3	113.2	1.72		D-0-3	105.7	1.28	
	I-0-4	114.8	1.88		D-0-4	114.2	1.46	
GP 0.5MPa	I-0.5-1	112.6	1.99	1.96	D-0.5-1	123.8	1.58	1.61
	I-0.5-2	115.2	2.17		D-0.5-2	120.8	1.45	
	I-0.5-3	113.5	1.79		D-0.5-3	122.5	1.63	
	I-0.5-4	114.4	1.89		D-0.5-4	125.2	1.79	
GP 1.0MPa	I-1.0-1	128.3	2.23	2.18	D-1.0-1	130.8	1.72	1.68
	I-1.0-2	125.7	1.92		D-1.0-2	132.4	1.79	
	I-1.0-3	127.3	2.25		D-1.0-3	131.7	1.61	
	I-1.0-4	127.2	2.3		D-1.0-4	130.1	1.59	
GP 1.5MPa	I-1.5-1	133.3	2.22	2.34	D-1.5-1	130.6	1.71	1.71
	I-1.5-2	133.6	2.38		D-1.5-2	133.5	1.92	
	I-1.5-3	134.7	2.63		D-1.5-3	129.7	1.51	
	I-1.5-4	130.8	2.14		D-1.5-4	130.5	1.66	

Hao 等人[7]的研究认为，材料的强度与应变率效应有一定的相关性。在本研究中，含瓦斯煤的动力抗压强度随初始瓦斯压力的增大而减小，但应变率的敏感性随初始瓦斯压力的增大而增大。根据含瓦斯煤静态力学实验和理论分析认为，含瓦斯煤的力学性能受含瓦斯煤内部吸附气体解吸影响。因此，应变率效应同样可能与含瓦斯煤的吸附气体解吸有关。由此可见，静态和动态加载条

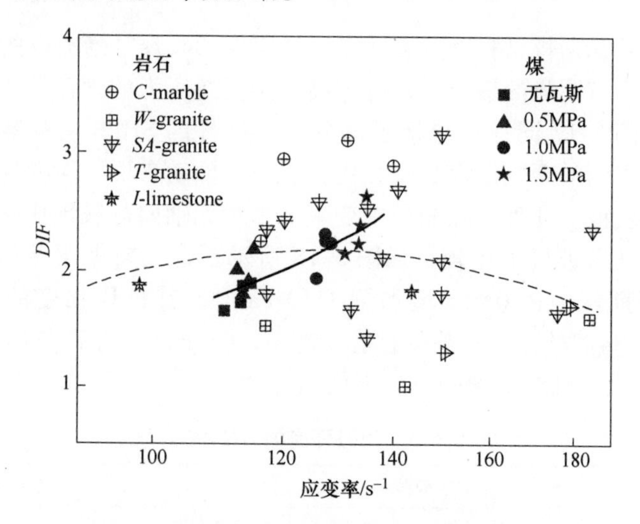

图 5-17 无轴向静载作用的含瓦斯煤强度 *DIF*

（岩石材料的 DIF 值由文献［6］提供，*C*-Carrara marble，*W*-Westerly granite，*SA*-San Andreas granite，*T*-Tarn granite，*I*-Indiana limestone）

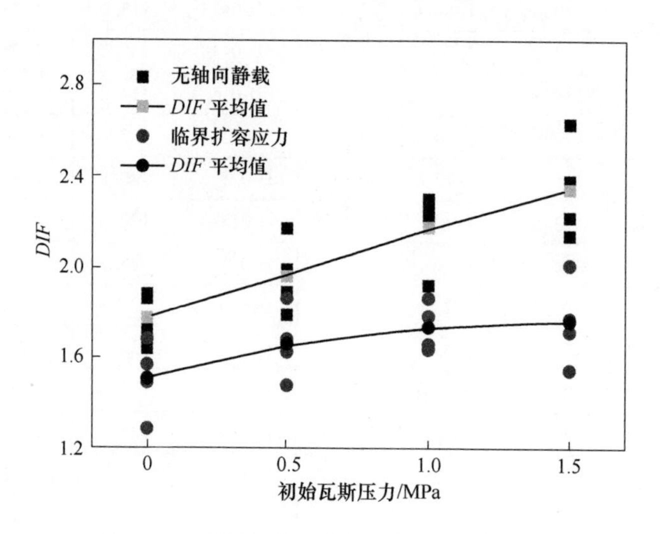

图 5-18 不同初始瓦斯条件下强度 *DIF* 规律

件下含瓦斯煤内部吸附气体的解吸特性不同，如图 5-19 所示。在准静态或低应变速率条件下，含瓦斯煤孔隙破坏过程所需要的时间相对较长，同样吸附气体的解吸时间较长。而在高应变率 SHPB 实验中，试样破裂过程的时间相对较短，大约为 100s，煤体内的吸附气体没有足够的时间来充解吸。换句话说，静载条件下的吸附气体的解吸程度比动载条件下更为彻底。鉴于试样内的孔隙体积基本相同，解吸瓦斯的压力的变化值（Δp_s）在静态载荷作用下高于动态载

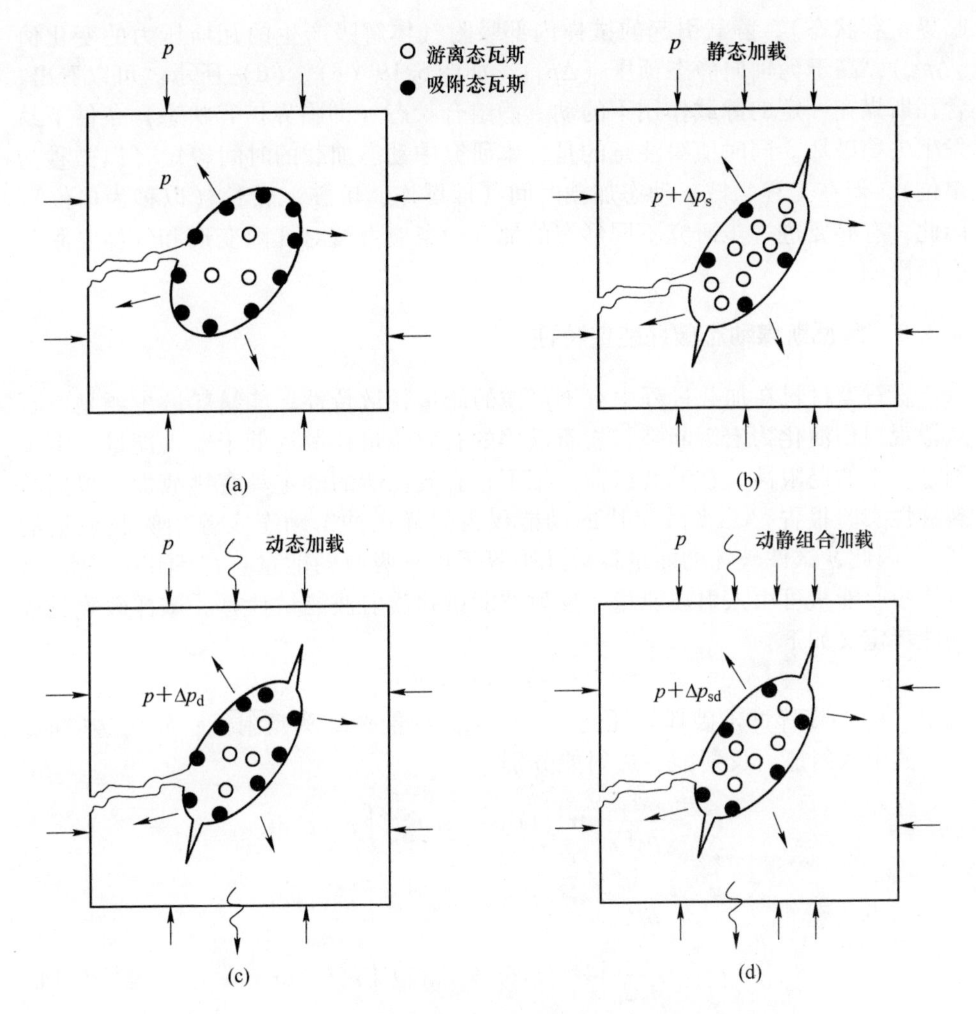

图 5-19 含瓦斯煤加载破坏过程中解吸瓦斯作用示意图

（a）初始状态；（b）静态加载；（c）动态加载；（d）动静组合加载

p—初始瓦斯压力；Δp_s—静态加载下瓦斯压力变化值；Δp_d—动态加载下瓦斯压力变化值；

Δp_{sd}—动静组合加载下瓦斯压力变化值

荷作用下（Δp_d），如图 5-19（b）、（c）所示。由于在静态载荷作用下更彻底地解吸，因此随着初始瓦斯压力的增大，静载抗压强度的降低程度比动载抗压强度更明显，具体体现在 *DIF* 随初始瓦斯压力增大而增大。在动载条件下，由于解吸气体对含瓦斯煤裂纹扩展的影响较小，可以认为含瓦斯煤的动力抗压强度主要由含瓦斯煤骨架决定。对比无轴向静载和临界扩容状态的 *DIF*，如图 5-18 所示，可以看出，在相同的初始瓦斯压力下，临界扩容状态下含瓦斯煤的抗压强度的 *DIF* 比无轴向静载预压的低。因为试样在静载预压轴的作用下（即临界扩容状态），静载引起的试样内部吸附气体解吸产生的瓦斯压力的变化值（Δp_{sd}），高于无轴向静态预压（Δp_d），如图 5-19（c）、（d）所示。可以看出，含瓦斯煤在一定的静载作用下的动 - 静组合状态（即临界扩容状态）条件下易发生失稳破坏。同时值得注意的是，本研究中动态加载的时间较短（以微秒为单位），但在工程领域，动态加载时间（即爆炸、矿震）较长（以秒为单位），因此，有必要进一步研究不同形态的加载动态应力波对孔隙变形和气体吸附状态的影响。

5.3.5 含瓦斯煤动态破坏能量特性

岩石类材料在加载过程中有不可逆的能量耗散特性。能量耗散主要是岩石从微观损伤演化为宏观断裂，岩石破碎的有效能量耗散远低于输入能量。由于测量技术的局限性，在动态载荷作用下，有效耗能的确定具有挑战性。根据断裂韧性实验报告[8]，飞散碎片的动能仅占岩样在冲击动态实验中吸收能量的5%。因此，试件破坏的能量耗散几乎等于试件吸收的能量。在 SHPB 试验中，试样吸收能量可由入射波能量、反射波能量和透射波能量计算。试样破碎过程的能耗定义如下：

$$E_s = E_i - E_r - E_t \tag{5-13}$$

式中，E_s 为煤样冲击破坏消耗能量；E_i 为入射能；E_r 为反射能；E_t 为透射能。

其中入射能、反射能、透射能分别为：

$$\begin{aligned} E_i &= \frac{A_0}{\rho_0 C_0}\int_0^t \sigma_i^2(t)\,dt = A_0 C_0 E\int_0^t \varepsilon_i^2(t)\,dt \\ E_r &= \frac{A_0}{\rho_0 C_0}\int_0^t \sigma_r^2(t)\,dt = A_0 C_0 E\int_0^t \varepsilon_r^2(t)\,dt \\ E_t &= \frac{A_0}{\rho_0 C_0}\int_0^t \sigma_t^2(t)\,dt = A_0 C_0 E\int_0^t \varepsilon_t^2(t)\,dt \end{aligned} \tag{5-14}$$

式中，ρ_0 为压杆密度；A_0 为压杆横截面积；C_0 为弹性波波速。

$$C_0 = \sqrt{\frac{E}{\rho_0}} \tag{5-15}$$

由式（5-13）~式（5-15）得：

$$E_s = E_i - E_r - E_t = A_0 E C_0\int_0^t [\varepsilon_i^2(t) - \varepsilon_r^2(t) - \varepsilon_t^2(t)]\,dt \tag{5-16}$$

相应的试样破碎过程能量利用率 N，可定义为耗散能与入射能的比值 E_s/E_i。

联立方程式（5-13）~式（5-16）得：

$$N = 1 - \frac{\int_0^t [\varepsilon_r^2(t) + \varepsilon_t^2(t)]\,dt}{\int_0^t \varepsilon_i^2(t)\,dt} \tag{5-17}$$

通过以上公式计算可得瓦斯压力与能量利用率关系曲线，如图5-20所示。由图5-20可以看出，无轴向静载条件的含瓦斯煤试样在初始瓦斯压力从0MPa增加到1.5MPa时，能量利用率由45%下降到30%。而含瓦斯煤试样在临界扩容状态下的能量利用率低于无轴向静力预压的试样，当初始气体压力从0MPa增加到1.5MPa时，临界扩容状态下的含瓦斯煤试样破坏能量利用率从42%下降到21%。如在相同初始瓦斯压力为1.5MPa的情况下，当含瓦斯煤试样应力状态由无轴向静载状态改变为临界扩容状态时，试样破碎的能量利用率从30%下降到21%。由图5-14和图5-20可以看出，随着初始瓦斯压力增大，含瓦斯煤受到的破坏更为严重，但破碎能量利用率降低。对比以往针对饱和水状态的混凝土的动态力学特性的研究[9]，随着含水量的增加，混凝土的材料动力强度和抗断裂性能也随之增加，这与含瓦斯煤随初始瓦斯压力的增加而造成的动态力学性能有明显区别。需要注意的是，气体和水是不同的流体介质，它们在材料相互作用过程对材料力学性能的影响是不同的。在30℃条件下，气体的黏滞阻力（约1.87×10^{-5}Pa·s）远低于水（约1.87×10^{-3}Pa·s），由于水的黏度影响了材料微裂纹和微孔隙的动态演化，而气体黏度对材料为结构的影响较弱。此外，吸附气体和临界扩容应力导致微裂纹扩展，引起更严重的反射拉伸波，从而使试件遭受更严重的破坏。还应该指出，在加载过程中对试样的破坏引起气体解吸，导致含瓦斯煤内部的气体压力增加。在膨胀气体压力的作用下促进了裂纹的发展。因此，含瓦斯煤在较高的瓦斯压力和采动应力条件下遭受的破坏更为严重。本次实验结果与工程实践中高瓦斯压力煤层在动力扰动作用下易诱发煤与瓦斯突出的事实很接近。

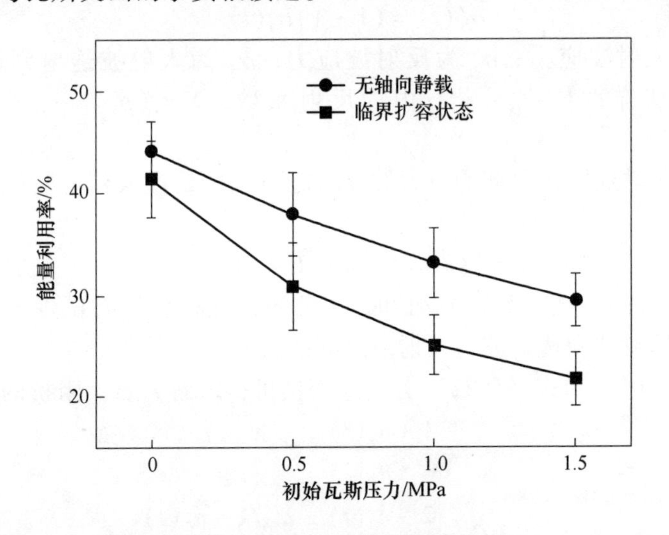

图5-20 瓦斯压力与能量利用率关系曲线

5.3.6　瓦斯与静载对煤的损伤特性

岩石类材料的损伤变量（D）一般由试件的纵波速度计算。而在本章含瓦斯煤动态力学实验过程中，由于试样轴向加载预应力，因此试样在轴向方向的纵波速度在动态实验中无法测量。相关的研究认为岩石类材料在变形过程中，波阻抗的变化幅度与纵波波速的变化相当，且较纵波变化大。这说明用波阻抗来体现损伤不存在由于变化小在实际应用中不可操作的问题。另外，波阻抗的变化趋势与纵波波速的变化趋势极其相似。因此，从变化幅值的大小和变化趋势也体现出波阻抗可以反映岩石破坏过程中损伤的演变[10]。因此可以由式（5-18）通过波阻抗定义损伤变量的关系式：

$$D = 1 - \left(\frac{\overline{\rho C}}{\rho C}\right)^{1.6} \tag{5-18}$$

式中，$(\overline{\rho C})$ 为岩石在某一损伤状态下的波阻抗；ρC 为岩石初始时的波阻抗。

应力波从一种介质传播到另一种波阻抗不同的介质时，入射波在两种介质的界面处会产生反射波和透射波。在 SHPB 实验中，定义入射杆和透射杆，其波阻抗为 $\rho_1 C_1$，由于其值比岩石的波阻抗大许多，认为在整个冲击过程中其大小保持恒定；岩石试件波阻抗为 $\rho_2 C_2$。根据一维应力波理论，在试样与入射杆界面（A_1）和试样与透射杆界面（A_2）处必须满足两个条件：（1）在界面处，两侧杆的内力必须相等；（2）在界面处，质点的速度必须连续。若岩石试件与弹性杆截面积相同，且不考虑岩石试件内应力波的多次透反射，对上面两个条件进行推导可以得出如下关系：

$$\sigma_{\mathrm{r}}(t) = \lambda \sigma_{\mathrm{i}}(t) \tag{5-19}$$

$$\sigma'_{\mathrm{t}}(t) = (1 + \lambda)\sigma_{\mathrm{i}}(t) \tag{5-20}$$

式中，σ_{i} 为入射波应力；σ_{r} 为反射波应力；σ'_{t} 为入射波透射到试样中的应力；λ 为波从弹性杆进入岩石内的反射系数，$\lambda = (\rho_2 C_2 - \rho_1 C_1)/(\rho_2 C_2 + \rho_1 C_1)$。

同理，透射到岩石内部的应力波 σ'_{t} 在界面 A_2 处进入到透射杆形成的透射波 σ_{t} 为：

$$\sigma_{\mathrm{t}}(t) = (1 + \lambda)(1 - \lambda)\sigma_{\mathrm{i}}(t) \tag{5-21}$$

由式（5-19）~式（5-21）可知，当已知弹性杆和岩石试件的波阻抗，可以分别求得反射波和透射波与入射波之间的关系。

将式（5-19）和式（5-21）分别逆变换可得求解岩石波阻抗的表达式：

$$\rho_2 C_2 = \frac{1 + n_1(t)}{1 - n_1(t)}\rho_1 C_1 \tag{5-22}$$

$$\rho_2 C_2 = \frac{2 - n_2(t) \pm 2\sqrt{1 - n_2(t)}}{n_2(t)}\rho_1 C_1 \tag{5-23}$$

其中

$$n_1(t)=\frac{\sigma_r(t)}{\sigma_i(t)} \tag{5-24}$$

$$n_2(t)=\frac{\sigma_t(t)}{\sigma_i(t)} \tag{5-25}$$

其中，对同一个 $n_2(t)$ 式（5-23）有两个解，再将式（5-23）变形得：

$$\rho_2 C_2=\left[\frac{2}{n_2(t)}-1\pm 2\frac{\sqrt{1-n_2(t)}}{n_2(t)}\right]\rho_1 C_1 \tag{5-26}$$

由于$\frac{2}{n_2(t)}-1>1$，$2\frac{\sqrt{1-n_2(t)}}{n_2(t)}>0$，且岩石的波阻抗$\rho_2 C_2<\rho_1 C_1$，因此具有实际意义的式（5-23）应为：

$$\rho_2 C_2=\frac{2-n_2(t)-2\sqrt{1-n_2(t)}}{n_2(t)}\rho_1 C_1 \tag{5-27}$$

需要强调的是，这里讨论的仅是应力波在两个界面处的一次透反射，由于应力波在岩石试件一次传播所需的时间相比入射波的延续时间较小，忽略此过程中岩石波阻抗的变化。式（5-24）和式（5-25）中 $\sigma_r(t)$ 和 $\sigma_t(t)$ 分别是某个瞬时 t 的入射波 $\sigma_i(t)$ 在界面 A_1 上的反射波和 $\sigma_i(t)$ 经过岩石试件空间传播进入到透射杆上的应力波，而不是在 t 瞬时 SHPB 测试到的反射波和透射波的大小，因为测试得到的反射波和透射波包含了各自对应的多次透反射应力波。

由以上的推导可以看出，利用霍布金逊试验系统进行岩石冲击试验时，根据试验数据 $\sigma_i(t)$ 和 $\sigma_r(t)$ 或 $\sigma_t(t)$ 理论上就可以求得岩石每一瞬时的波阻抗。那么具体计算时是按式（5-22）计算还是按式（5-27）计算？另外，在实际应用时利用上述两个表达式是否可以计算每一时刻岩石的波阻抗呢？

在实际实验中，当入射波到达界面 A_1 一段时间后的每一瞬时，界面 A_1 和 A_2 有若干个透反射发生，即通过界面 A_1 进入岩石试件内的应力波传播到界面 A_2 时同样会有透射波和反射波，同理，在 A_2 界面产生的反射波再次到达界面 A_1 时也会有透反射，如此往复而产生了多次透反射波。图 5-21 表示某个瞬时发生的多次透反射示意图，这里假设岩石试件长为 L_2，波速为 C_2。基于应力波在两界面间多次透反射过程的分析，进而讨论怎样利用试验所得入射波和反射波或透射波计算岩石的波阻抗。为简单起见，假设岩石波阻抗的大小在此过程中保持不变。

设定入射应力脉冲为 $\sigma_i(t)=f(t)$，其延续时间为 τ，取定波前到达界面 A_1 的时刻为 0，则有：

$$\sigma_i(t)=\begin{cases}0 & t<0,t\geqslant\tau\\ f(t) & 0\leqslant t<\tau\end{cases} \tag{5-28}$$

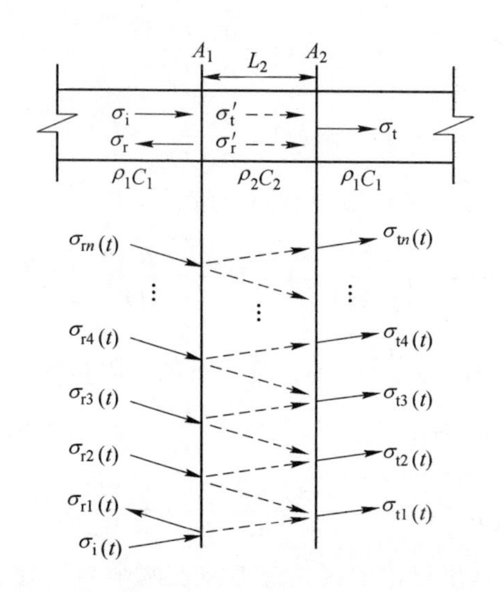

图 5-21　霍布金逊杆系波的透反射传播图

由图 5-21 并结合式（5-19）和式（5-20）可知，该瞬时入射杆和透射杆测得的反射波和透射波应为：

$$\sigma_r(t)=\sigma_{r1}(t)+\sigma_{r2}(t)+\cdots=\lambda f(t)+(1-\lambda^2)(-\lambda)f\left(t-\frac{2L_2}{C_2}\right)+(1-\lambda^2)(-\lambda)^3 f\left(t-\frac{4L_2}{C_2}\right)+\cdots \tag{5-29}$$

$$\sigma_t(t)=\sigma_{t1}(t)+\sigma_{t2}(t)+\cdots=(1-\lambda^2)f\left(t-\frac{L_2}{C_2}\right)+(1-\lambda^2)(-\lambda)^2\times f\left(t-\frac{3L_2}{C_2}\right)+(1-\lambda^2)(-\lambda)^4 f\left(t-\frac{5L_2}{C_2}\right)+\cdots \tag{5-30}$$

由式（5-29）和式（5-30）可以看出，SHPB 试验系统实际测得反射波 $\sigma_r(t)$ 是一次反射 $\sigma_{r1}(t)$ 和多次反射波的叠加，而利用式（5-22）计算岩石波阻抗仅利用一次反射波，且 $\sigma_{r2}(t)$ 和 $\sigma_{r3}(t)$ 的大小与 $\sigma_{r1}(t)$ 为同一数量级的值，同理透射波也具有这种现象。因此在利用试验得到的反射波和透射波计算岩石的波阻抗时，要避免二次和多次反射波或透射波的影响。

上述分析应力波在 A_1 和 A_2 间多次透反射过程时，没有考虑岩石波阻抗的变化，否则情况将变得相当复杂甚至不可分析。不过，由式（5-29）和式（5-30）可以发现，在整个冲击过程中并不是每一瞬时的反射波或透射波都夹杂多次反射和透射波的影响，当 $t\leqslant(2L_2/C_2)$ 时，测试所得的反射波中没有二次和更高次反射的影响。同理，在透射波采样时间内的 $0\leqslant t\leqslant(2L_2/C_2)$ 区段，试验所得的透射波中也没有夹杂多次透射波的影响。因此，可以利用 SHPB 试验系统采集的入射波和反射波或透射波在各自采样区段 $0 \leqslant t \leqslant (2L_2/C_2)$ 内相对应的值计算试样的波阻抗。

通过以上分析实现了不用测量试样波速，利用 SHPB 实验的应力波测量值计算试样波阻抗的方法。含瓦斯煤试样在不同条件下的波阻抗曲线如图 5-22 所示。可以看出，试样的波阻抗在初始时间内快速增加，然后呈现一段相似稳定的阶段，之后逐渐减小。而波阻抗相对稳定的时刻正好处于透射波信号的第

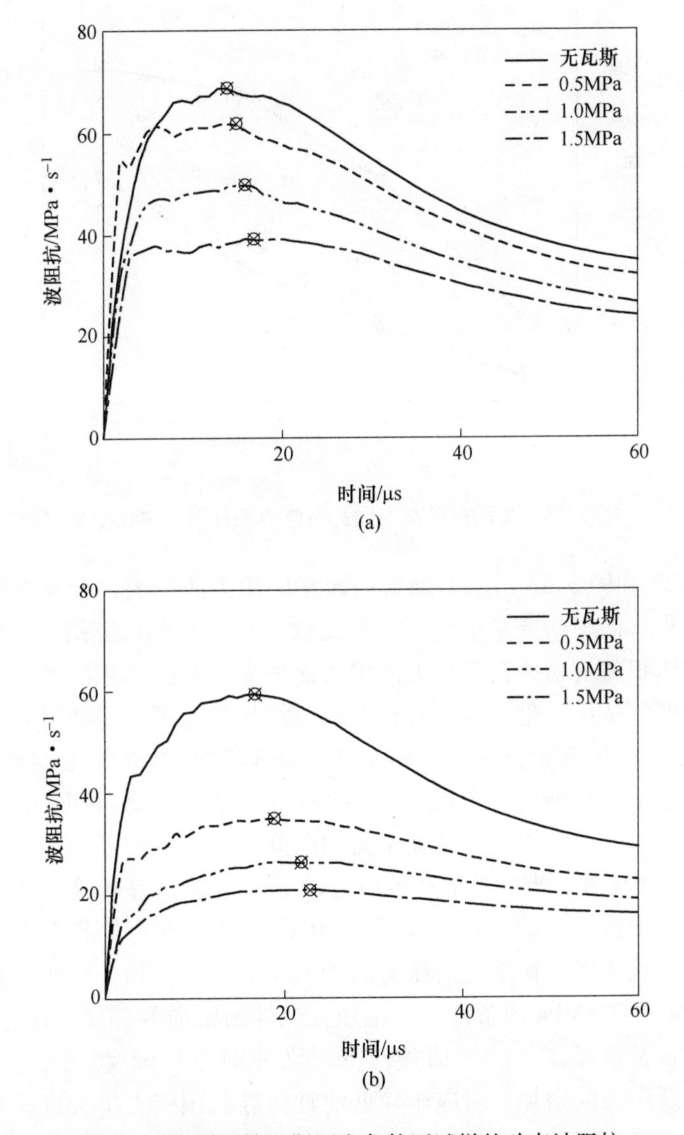

图 5-22 不同初始瓦斯压力条件下试样的动态波阻抗

（a）无轴向静载；（b）临界扩容状态

一次透射阶段，加载波的第一次透射信号能很好地反映应力波在试件内部的传播。在本试验中，设定无瓦斯赋存无轴压状态的煤岩试样的波阻抗为初始波阻抗，其他实验条件下的试样波阻抗为损伤状态下的波阻抗，由式（5-18）可计算含瓦斯煤的损伤变量（D），计算结果如图 5-23 所示。损伤变量反映了试样在初始瓦斯压力和轴向静载荷作用下的损伤程度。

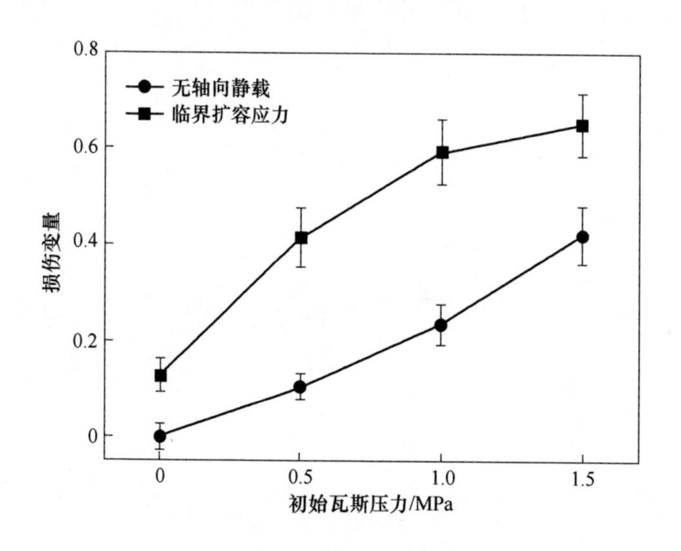

图 5-23　含瓦斯煤在不同瓦斯应力条件下的损伤变量

如图 5-22 和图 5-23 所示，随着初始瓦斯压力的增大，含瓦斯煤试样的波阻抗逐渐减小，而损伤变量增大。这与文献［3，4］的研究结果一致，其中含瓦斯煤孔隙体积随着初始瓦斯压力的增大而增大，孔隙体积的增大导致试件密度和纵波速度的减小，也体现出含瓦斯煤的损伤程度可以用波阻抗来量化。如图 5-23 所示，初始瓦斯压力从 0MPa 增加到 1.5MPa，在无轴向静载条件下，平均损伤变量从零逐渐增加到 0.42。在相同的瓦斯压力条件下，含瓦斯试件在临界扩容状态下的平均损伤变量大于无轴向静载状态下的平均损伤变量。在瓦斯压力为 1.5MPa 时，当试件的初始应力状态从无轴向静载状态改变为临界扩容状态时，平均损伤变量从 0.42 增加到 0.65。值得注意的是在本研究中，施加在试件的静载预压随初始瓦斯压力的增大而减小。例如，在初始瓦斯压力分别为 1.5MPa 和 0.5MPa 的条件下，施加在试件的轴向静载应力压分别为 6MPa 和 14MPa，含瓦斯煤试件的平均损伤变量则分别为 0.65 和 0.41。换句话说，随着初始瓦斯压力的增加，对应于较低的轴向静载预应力将会造成更严重的破坏。因此，在确保深部煤矿低渗透性、高瓦斯煤层工作面的安全工作中，在重视降低赋存瓦斯压力的同时，还需要重点关注开采扰动。

参 考 文 献

[1] 李夕兵．岩石动力学基础与应用［M］．北京：科学出版社，2014.

[2] 殷志强．高应力储能岩体动力扰动破裂特征研究［D］．长沙：中南大学，2011.

[3] Ottiger S，Pini R，Storti G，et al. Competitive adsorption equilibria of CO_2 and CH_4 on a dry coal［J］．Adsorption，2008，14（4~5）：539~556.

[4] Day S，Fry R，Sakurovs R. Swelling of australian coals in supercritical CO_2［J］．Int J Coal Geol，2008，74（1）：41~52.

[5] 中华人民共和国国家标准编写组．GB/T 50266—1999 工程岩体试验方法标准［S］．北京：中国计划出版社，1999.

[6] Zhang Q B，Zhao J. A review of dynamic experimental techniques and mechanical behaviour of rock materials［J］．Rock Mech. Rock Eng.，2014 47（4）：1411~1478.

[7] Hao Y，Hao H. Dynamic compressive behaviour of spiral steel fibre reinforced concrete in split Hopkinson pressure bar tests［J］．Constr Build Mater，2013. 48：521~532.

[8] Zhang Z，Kou S Q，Jiang L G，et al. Effects of loading rate on rock fracture：fracture characteristics and energy partitioning［J］．Int. J. Rock Mech. Min. Sci.，2000，37（5）：745~762.

[9] Wang C，Chen W，Hao H，et al. Experimental investigations of dynamic compressive properties of roller compacted concrete（RCC）［J］．Constr. Build Mater.，168：671~682.

[10] 金解放，李夕兵，殷志强，等．循环冲击下波阻抗定义岩石损伤变量的研究［J］．岩土力学，2011，32（5）：1385~1393，1410.

6　技术进展与展望

在针对深部硬岩开挖工程的大量实践及室内三轴扰动诱变实验表明，动力扰动对岩体破坏及动力灾害有诱发和促进作用，此外，相关实验研究认为，岩石类材料动力灾害的发生往往是由内部裂纹缺陷逐步发展贯通，最终导致整体断裂破坏的演化过程，裂纹扩展机理的研究对岩体稳定控制具有重要的理论价值和实践意义。可见研究深部高应力煤岩体气固多场耦合介质裂纹扩展特性，以及高应力煤岩体与气体多场多相耦合微裂纹应力状态和动力灾害孕育与发生的关系，进而从耦合介质裂纹扩展的角度开展高应力瓦斯煤体扰动诱发灾变机制及防治技术的探索都具有可行性和必要性。本书以含瓦斯煤岩体作为研究对象，在理论分析的基础上，开展含瓦斯煤体静态加载和动态加载条件下的力学特性及细观变形破坏过程的研究。通过研究，初步建立气 - 固耦合静态和动态力学实验方法，揭示含瓦斯煤岩体宏 - 细观损伤规律，为进一步研究含瓦斯煤岩体力学特性和探讨新的有效防治深部高应力含瓦斯煤动力灾害的技术提供实验基础。

本书通过对含瓦斯煤开展静载和动载力学综合实验研究，得出了一些有价值的创新性研究成果，但仍存在一定的不足，有些问题还有待更深入和进一步地研究。

本书开展的含瓦斯煤实验，瓦斯气体压力较小（小于 1.5MPa）。实际深部含瓦斯煤层中，瓦斯压力有时会更高（尤其是煤与瓦斯突出动力灾害过程中的瓦斯压力）。因此，应该进一步开展高压瓦斯作用下的煤体力学特性研究。

目前的加载方式比较接近现场实际状态，但其动态加载方式与现场仍有一定的区别，有必要进一步研究与现场更接近的动态加载方式对含瓦斯煤孔隙变形和气体吸附状态的影响，将有助于更加详细地了解含瓦斯煤力学特性。